普通高等教育系列教材

电路基础实验

马 艳 臧宏文 宫 鹏 王 贞 编著

U0259263

机 械 工 业 出 版 社

本书的各章内容与"电路""电路分析基础"等课程的教学内容相对应,可作为高等院校电气信息类专业的电路实验课程教材使用。

本书全面介绍了电路实验的基础知识,主要章节包括电路实验综述、电气测量仪器仪表的使用及常用物理量的测量方法,还介绍了 Multisim 14 在电路设计中的应用和简单电路的设计方法。实验内容包括电路基本定律的实验研究、基本电气测量技术、动态电路实验、单相和三相交流电路的实验、二端口网络实验等。

本书的编写力图突破传统的实验教学体系,建立以基础实验、综合设计实验、提高创新实验和开放自主性学习、研究性学习模式,分层次一体化的实验课程体系。

本书也可作为广大电子行业工作者和电子爱好者的参考书。

图书在版编目(CIP)数据

电路基础实验/马艳等编著 . —北京:机械工业出版社,2020.8(2023.7重印)

普通高等教育系列教材

ISBN 978-7-111-66351-5

Ⅰ.①电… Ⅱ.①马… Ⅲ.①电路-实验-高等学校-教材 Ⅳ.①TM13-33

中国版本图书馆 CIP 数据核字(2020)第 153689 号

机械工业出版社(北京市百万庄大街 22 号 邮政编码 100037)
策划编辑:李馨馨 责任编辑:李馨馨 白文亭
责任校对:张艳霞 责任印制:张 博
三河市国英印务有限公司印刷

2023 年 7 月第 1 版·第 4 次印刷
184mm×260mm·10.5 印张·2 插页·262 千字
标准书号:ISBN 978-7-111-66351-5
定价:49.00 元

电话服务   网络服务

客服电话:010-88361066   机 工 官 网:www.cmpbook.com
        010-88379833   机 工 官 博:weibo.com/cmp1952
        010-68326294   金 书 网:www.golden-book.com
封底无防伪标均为盗版   机工教育服务网:www.cmpedu.com

前　言

　　本书的主要内容与"电路""电路分析基础"等课程的教学内容相对应，可作为高等院校电气信息类专业的电路实验课程教材使用。

　　本书的编写本着"夯实基础、注重综合、强化设计、旨在创新"的理念，全面介绍了电路基础实验的基本知识：电路实验综述、电气测量仪器仪表的使用及测量方法和仿真软件在电路设计中的应用及简单电路的设计方法。随后的实验内容涵盖了电路基本定律的实验研究、基本电气测量技术、动态电路实验、单相和三相交流电路的实验、二端口网络实验等。

　　本书根据教学大纲的要求，结合编者多年的教学经验，建立以理论基础、综合设计和自主创新，分层次一体化的实验课程体系。通过常规基础实验的训练，使学生掌握基本实验理论、基本实验方法、基本实验技能，培养基本素质。综合设计性实验内容，既有课程不同知识点的综合，又有实验技能、测试方法的综合，提高学生对电路基础理论的综合应用能力。

　　本书在编写中依据教学体系建设需要，实验内容由浅入深；每个实验项目中的实验任务分为基本实验和扩展实验两部分，方便不同层次学生使用；实验原理对基本和扩展实验任务涉及的理论及方法进行了介绍；实验预习要求尽量具体化，在书中留出了解答的位置，方便学生使用；基本实验部分在实验指导中给出了参考电路和实验方法步骤，扩展设计部分主要提出设计要求，让学生自行设计实验电路和方案，独立完成实验任务。

　　本书的编写是在青岛大学电工电子实验教学中心的大力支持下完成的。其中 1~3 章由马艳编写，第 4 章由马艳、臧宏文、宫鹏共同编写，全书由马艳统稿。臧宏文、马慧敏老师试做了全部实验内容。

　　在编写过程中，学习和借鉴了大量有关的参考资料，在此向所有文献的作者们深表感谢。

　　由于水平所限，错误和不当之处在所难免，恳请各位读者批评指正。

编　者

2019 年 12 月于青岛大学

目　录

第一章　电路实验综述

实验是人们根据一定目的要求，运用一定手段，突破客观条件限制，在人为控制、干预或模拟条件下，观察、探索客观事物本质和规律的一种科技创造方法。实验是获得第一手资料的重要方法；是探索自然奥秘和事物客观规律的必由之路；是检验真理的唯一标准；是推动科学发展的有力手段。

实验室是现代化大学的心脏。实验教学是把科学实验引进教学领域的教学过程。实验教学是理论知识和实践活动、间接经验和直接经验、抽象思维和形象思维相结合的教学过程；是科学思想、方法、技术相结合的教学过程。实验教学具有直观性、实践性、物质性、技术性、综合性和科学性。实验教学具有传授知识、培养能力、提高素质的全面作用。

在高等院校理工科各专业学生的培养过程中，按照一定的教育计划和目标，在教师指导下，组织学生运用一定的条件观察和研究客观事物的本质和规律，以传授知识、培养能力、提高素质为目的，让学生亲自运用实验手段动手动脑独立完成实验，综合运用所学知识和技能，自主实验操作，进行系统分析、比较、归纳等思维活动，是全面推进素质教育、培养创新人才的重要组成部分。

1.1　实验课的目的

"电路""电路分析基础"是高等院校理工科各专业的实践性很强的专业基础课。电路基础实验是将电路基础理论用于实际的实践性活动，通过该课程的学习，使学生得到电路基本实践技能的训练，学会运用所学理论知识判断和解决实际问题，加深和扩大理论知识；加强工程实际观念和严谨细致的科学作风，为本学科的专业实验、生产实践和科学研究打下基础。

电路基础实验作为重要教学环节，对培养学生理论联系实际的学风，培养学生研究问题和解决问题的能力，培养学生的创新能力和协作精神，提高学生针对实际问题进行电路设计制作的能力具有重要的作用。

电路基础实验内容设置包括基础验证、综合设计、创新研究三个层次。基础验证实验，主要选择一些经典内容，以元器件特性、参数和基本单元为实验电路，验证与电路基础有关的定理和定律，巩固所学的理论知识，培养学生的基本工程素质、基本实验技能，以及基本分析和处理问题的能力。综合设计实验，主要结合实际应用，给定实验的部分条件，或实验电路，或方法要求，由学生自行拟定实验方案，正确选择仪器，完成电路连接和性能测试任务，估算工程误差，并能够解决实验中出现的问题（包括排除故障）。培养学生对所学知识的综合应用能力，提高学生针对实际问题进行电子设计制作的能力，增强学生的工程设计与综合应用素质。创新研究实验，根据给定的实验课题或自主选择课题，由学生独立设计实验电路、实验内容和性能指标，选择合适的元器件，完成电路的组装和调试，以达到设计要求，培养学生自主学习、系统分析、应用、综合、设计与创新的能力，培养学生的创新精神，培养学生知识更新、独立分析处理问题的能力以及创新的思维。

通过电路基础实验课程的学习和实践，使学生学会识别电路图、合理布局和接线、正确测试、准确读取和记录数据，能排除实验电路的简单故障和解决实验电路中常见的问题。学会正确选择和使用常用的电工仪表、电子仪器、实验设备和工具，掌握典型应用电路的组装、测量和调试方法，能够正确处理实验数据、绘制曲线图表和误差分析，具有一定的工程估算能力。学会查阅相关技术手册和网上查询资料，合理选用实验（元）器件（参数）。学会使用仿真软件，对实验电路进行仿真分析和辅助设计。掌握常用单元电路或小系统的设计、组装和调试方法，具备一定的综合应用能力，并具有独立撰写实验报告的能力。学会从实验现象、实验结果中归纳、分析和创新实验方法，从而提高科学素养，包括养成严谨的学习作风，严肃认真、实事求是的科学态度，勤奋钻研、勇于创新的开拓精神，以及遵守纪律、团结协作和爱护公物的优良品德。

一个完整的实验过程应包括实验预习、实验操作和实验总结等环节。不论是验证性实验还是设计性实验，各环节的完成质量都会直接影响到实验的效果。

1.2　实验准备

实验准备的第一个环节即为实验预习。实验前预习与否是关系到实验能否顺利进行和达到预期效果的重要前提，是保证实验顺利进行的必要步骤，是提高实验质量和效率的可靠保证。

1) 对于基础验证实验，实验预习应按以下步骤进行。

① 仔细阅读实验指导书，了解本次实验的目的和任务，复习与实验有关的内容，熟悉与本次实验相关的理论知识，掌握本次实验的原理。

② 根据给出的实验电路与元件参数，进行必要的理论计算。实验中所用的实际器件不同于理想元件，同一种性质（类型）的器件会因型号和用途的不同，在外观形状上存在一定差异，在标称值和精度等内部特性方面也有很大差别。电路基础实验所涉及的元器件主要包括电阻器、电感器、电容器、各种开关、各种指示灯、熔断器、继电器、接触器、变压器、传感器等。

③ 详细阅读本次实验所用仪器仪表的使用说明，熟记操作要点。仪器设备主要有万用表、功率表、直流电源、函数发生器、示波器、计算机等。在实验前必须了解和熟悉它们的功能、基本原理和操作方法，并正确选用。通过实验课件和预习视频等途径了解本次实验所用器件的特性、测试方法及应用注意事项。

④ 设计或掌握操作步骤和测量方法。操作步骤是实验的操作流程，它是培养学生良好操作习惯的重要环节。因此，为完成实验任务所设计的操作步骤必须细致，应充分考虑各种因素的影响。包括每步操作的注意事项、仪器设备和人身的安全措施、测量数据的先后顺序等。

⑤ 确定观察内容、测试和记录数据。预习时应拟定好所有记录数据和有关测试内容的表格或图表。凡是要求首先进行理论计算的内容必须在预习中完成，并尽量把理论数据填写在记录实验数据的表格中，便于与记录的实验数据进行对比分析。

2) 对于设计型实验，除了进行以上必须的预习步骤外，还应在预习中完成以下内容。

① 深入理解实验题目所提出的任务与要求，阅读有关的技术资料，学习相关的理论

知识。

② 进行电路方案设计，选择电路元件参数。

③ 使用仿真软件进行电路性能仿真和优化设计，进一步确定所设计的电路原理图和元器件参数。仿真分析是运用计算机软件对电路特性进行分析和调试的虚拟实验手段。在虚拟环境中，不需要真实电路的介入，不必顾及设备短缺和时间环境的限制。因此，在进行实际电路搭建和性能测试之前，可以借助仿真软件对所设计的电路反复更改、调整和测试，以获得最佳的电路指标和拟定最合理的实测方案；同时对实验结果做到心中有数，以便在实物的实验中有的放矢，少走弯路，提高效率，节省资源。常用的仿真软件有 Multisim 等，应当把仿真软件作为实验的基本工具，加以掌握和应用。

④ 拟定实验步骤和测量方法，画出必要的记录表格备用。选择合适的测量仪器。

3）在实验进行前，完成预习要求。在预习中完成所有与本次实验相关内容的问题解答。

要特别注意，在预习阶段还要根据自身实际情况以及实验需要，尽可能通过网络、图书资料等信息资源，更多地了解相关知识，拓宽预习范围，例如各实验所需器件的基本原理和选用知识、仪器仪表的使用方法、特殊器件的应用、实验注意事项、安全操作规范等。这对积累实验经验和培养实践能力将有很大帮助。

1.3　实验操作

在完成理论学习和实验预习等环节后，就可进入实验操作阶段了。实验操作是在预习报告的指导下，按照操作步骤进行有条不紊的实际操作的过程。包括熟悉、检验和使用元器件与仪器设备，连接实验线路，实际测试与数据记录，以及实验后的整理等工作程序。

1.3.1　操作流程

（1）熟悉设备，检查器件

实验开始前，指导教师要对学生的预习报告做检查，要求学生了解本次实验的目的、内容和方法。只有通过预习要求后，方能允许进行实验操作。操作前，一是要认真听取指导教师对实验装置的介绍，或通过预习课件了解本次实验所用实验设备、仪器的功能与使用方法。二是要对所用器件与导线等进行简要的测试。为了保证在实验中使用的器件和导线是完好的，在使用之前一定要用万用表进行简单的测试，例如：导线有没有断开，器件是否完好等。

（2）连接实验电路

需按确定的实验线路图接线。连接实验电路是实验过程中的关键性工作，也是评判学生是否掌握基本操作技能的主要依据。通常，实验电路连接需要注意以下几个方面的问题。

1）合理摆放实验对象。电源、负载、测量仪器等实验对象的摆放，一般原则是使实验电路的布局合理（即实验对象摆放的位置、距离、连线长短等对实验结果影响小），使用安全方便（即实验对象的接线、调整、测读数据均操作安全、方便），连线简单可靠（即用线短且用量少，尽量避免交叉干扰，防止接错线和接触不良）。

2）连接的顺序要根据电路的结构特点及个人熟练程度而定。对初学者来说，一般是按电路图上的接点与各实物元件接头的一一对应关系来顺序接线的。对于复杂的实验电路，通常是先连接串联支路，后连接并联支路；先连接主回路，后连接其他回路；先连接各个局部，后连接成一个整体。实验电路走线、布线应简洁明了、便于测量，导线的长短粗细要合适、尽量短、少交叉，防止连线短路。所有仪器设备和仪表，都要严格按规定的接法正确接入电路（例如，电流表及功率表的电流线圈一定要串接在电路中，电压表及功率表的电压线圈一定要并接在电路中）。

3）巧用颜色导线。为便于查错，接线可用不同颜色的导线来区分。例如电源"+"极或（交流）"相"端用红色导线、电源的"−"极或（交流）"中性"端用蓝色导线，"地"端用黑色导线。有接线头的地方要拧紧或夹牢，以防止接触不良或脱落。

4）注意地端连接。电路的公共地端和各种仪器设备的接地端应接在一起，既可作为电路的参考零点，又可避免引起干扰。在一些特殊的场合，仪器设备的外壳应接地保护或接零保护，以确保人身和设备安全。在焊接和测试 MOS 器件时，电烙铁和测试仪器均要接地，以防它们漏电而损坏 MOS 器件。在测量时，要特别注意防止因仪器和设备之间的"共地"而导致被测电路局部短路。

5）注意屏蔽。对于中频和高频信号的传输，应采用屏蔽线。同时，将靠近实验电路的屏蔽线（外导体）进行单端接地，以提高抗干扰能力。

（3）实验电路通电

完成实验电路连接之后，必须先进行电路复查。要对照实验电路图，由左至右或由电路有明显标记处开始一一检查，不能漏掉一根哪怕是短小的连线。按照图物对照，以图校物的基本方法加以检查。对初学者，检查电路连线是很有意义的一项工作，它既是对电路连接的认识，又是建立电路原理图与实物安装图之间内在联系的训练机会。主要内容是检查线路是否接错（或短路）位置，是否多连或少连导线，电源的正负极、地线和信号线连接是否正确，连接的导线是否导通等。检查连线是保证实验顺利进行、防止事故发生的重要措施。特别是针对强电（36 V 以上）的实验电路，接完线路后一定要按照自查、同学互查、教师复查的程序，最后由教师确认无误后方可通电。尤其做强电实验时要注意：手合电源，眼观全局，一有异常现象（例如有声响、冒烟、打火、焦臭味及设备发烫等）应立即切断电源，分析原因，查找故障。

（4）测量数据，观察现象

接通电源后，先将设备大致调试一遍，观察各被测量的变化情况和出现的现象是否合理，若不合理，应切断电源，查找原因，进行改正。如数据出现时有时无的变化，可能是实验电路的接线松动、虚焊、连接导线出现隐藏断点或仪器仪表工作不稳定；预测数据与理论数据相差很大，可能是实验电路接线错误、（局部）碰线或器件参数选择不当等问题。只有消除隐患，才能确保实验电路正常工作。

仪表读数时，思想要集中，姿势要正确。对于数字式仪表，要注意量程、单位和小数点位置。

（5）数据记录与分析

将所有数据记在原始记录表上，数据记录要完整、清晰，力求表格化，一目了然，合理取舍有效数字，并注明被测量的名称和单位。重复测试的数据应记录在原数据旁或新数据表中，要尊重原始记录，实验后不得涂改，养成良好的记录习惯，培养工程意识。交实验报告时，应将原始记录一起附上。

在测量过程中，应及时对数据做初步分析，以便及早发现问题，立即采取必要措施以达到实验的预期效果。例如对被测量变化快速的区域，应增加测试点以获取更多的变化细节；对变化缓慢的区域，可以减少测试点，以加快测试速度，提高效率；对于关键点的数据不能丢失，必要时要多次测量，取用它们的平均值以减小误差。

（6）实验整理

完成本次实验全部内容后，应先断电，暂不拆线，待认真检查实验结果无遗漏和错误后，方可拆除接线。整理好连接线及仪器工具，使之物归原位。

实验过程中应特别注意人身安全与设备安全。改接线路和拆线一定要在断电的情况下进行。绝对不允许带电操作。使用仪器仪表要符合操作规程，切勿乱调旋钮、档位。发现异常情况，立即切断电源，查找故障，排除后再继续进行。

1.3.2 故障分析与排除

在正常的情况下，连接好实验电路即可进行测试或调试。但也常常会出现一些意想不到的故障，导致数据测试不正确甚至实验不能正常进行。遇到故障不一定是坏事，在实验中通过排除故障的锻炼，将有助于实验技能的不断提高。一旦遇到故障，切忌轻易拆掉线路重新安装，而是要运用所学知识，认真观察故障现象，仔细分析故障原因，最后查找到故障部位，排除故障，使实验得以继续进行。故障的检查通常采用以下几种方法。

（1）断电检查法

当实验接错线，造成电源或负载短路或严重过载，特别是发现实验电路或设备的异常现象将导致故障的进一步恶化时，应立即关断电源进行检查。一是对照原理图，对实验电路的每个元件及连线逐一进行外部（直观）检查，观察元器件的外观有无断裂、变形、焦痕和损坏，引脚有无错接、漏接或短接；观察仪器仪表的摆放、量程选择、读数方式是否正确；二是使用数字万用表的"Ω"档，检查各支路是否连通，元件是否良好。对于电容、电感（包括电动机和变压器）元件，可用电桥测量；对于集成电路，需要专用仪器测试或用好芯片替换来判断。

（2）通电检查法

通电检查法是使用测试仪器检测电路参数来判断故障部位的在线检查方法。一般是先直观检查，再进行参数测试。

1）直观检查法。直观检查法是电路在通电下对工作状况进行直接观察检查的方法，包括听各种声音、看显示数值、查运行状态、摸外表温度、嗅现场气味等外部现象，来确认电路是否正常。有时还要配合不同操作动作，使呈现的现象更明显。

2）参数测试法。最常见的是利用万用表进行电压测量，主要检查电源供电系统从电源进线、开关、熔断器到电路输入端有无电压，电子类仪器仪表有否供电，输入和输出信号是否正常，各元器件和仪器的电压是否符合给定值等。对于动态参数，多数借助示波器观察波形及可能存在的干扰信号，有利于故障分析。

3）替换法。当故障比较隐蔽时，在对电路进行原理分析的基础上，对怀疑有问题的部分可用正常的模块或元器件来替换。如果故障现象消失了，电路能够正常工作，则说明故障出现在被替换下来的部分，以缩小故障范围，便于进一步查找故障原因和部位。

4）断路法。在实验电路中通过断开某部分电路，可以起到缩小故障范围的作用。例如直流稳压电源，接入一个带有局部短路故障的电路，其输出电流明显过大。若断开该电路中的某条支路时恢复了正常，说明故障就是这条支路，进一步查找即可发现故障部位。

值得一提的是，目前有不少仿真软件都能够用于设置各种故障源，为工程人员借助软件仿真来重现故障现象，了解故障产生的原因及后果，直观认识工程现场，提供了安全、无损和便捷的工具。因此，很好地加以掌握和利用仿真工具可以达到事半功倍的效果。

1.3.3　设计性实验的电路调试

一个设计性实验在电路设计、仿真优化、器件选择、电路连接之后，通常要对电路进行调试。调试的方法是先对单元电路进行局部调试，以满足个体技术指标，然后对各单元构成的总体电路进行调试，最终达到总体指标。电路的调试通常包括静态调试、动态调试和指标测试。

（1）静态调试

它是指在没有加入信号的条件下进行的调试工作，使电路各输入和输出的参数都符合设计要求，所以也称为直流调试。

（2）动态调试

它是指在静态正常条件的基础上加入信号的调试工作，使电路各种输入和输出的交流参数都符合设计要求。对于模拟电路主要是借助仪器观测包括信号波形、幅值、相位、频率等参数；对于数字电路可借助电压表、发光管、数码管和蜂鸣器来判断逻辑功能。

（3）指标测试

无论是静态调试还是动态调试，如果不符合要求，均应调整甚至更换相应的元器件，直至达到要求，然后进行技术指标测试，即借助仪器仪表所进行的测试。如果发现测试结果与设计要求存在较大差异，就需要找出原因，及时调整甚至修正设计方案，以得到满意的实验电路以及可靠的数据。

1.4　实验总结

实验的最后阶段是实验总结，即对实验数据进行整理，绘制波形和图表，分析实验现象，撰写实验报告，每次实验参与者都要独立完成一份实验报告。实验报告的编写应持严肃认真、实事求是的科学态度，如实验结果与理论有较大出入时，不得随意修改实验数据和结果，不得用凑数据的方法来向理论靠拢，而是用理论知识来分析实验数据和结果，解释实验现象，找出引起较大误差的原因。

实验报告的一般格式如下。

1）实验名称。

2）实验任务及目的。

3）实验原理及电路：完成调试后得到的实验电路图，包括标注元器件参数、测试点和对照原理（或原先设计）电路的改动情况。

4）实验仪器及器件：仪器设备和元器件清单，包括仪器设备以及元器件的名称、型号规格和数量等，并对这些设备在实验过程中的使用状况也要做出说明，便于统计和维修。

5）仿真结果：包括选用的仿真工具和仿真结果（数据、表格和波形等）。

6）实验数据：测试所得到的原始数据和波形等。注意标注数据的单位。

7）测量数据的分析与处理：实验总结的主要工作是对实验原始记录的数据进行处理。此时要充分发挥曲线和图表的作用，其中的公式、图表、曲线应有符号、编号、标题、名称等说明，以保证叙述条理的清晰。为了保证整理后数据的可信度，应有理论计算值、仿真数据和实验数据的比较、误差分析等。对实验数据的处理，要合理取舍有效数字。报告中的所有图表、曲线均按工程化要求绘制。对与预习结果相差较大的原始数据要分析原因，必要时应对实验电路和测试方法提出改进方案以及重新进行实验。

8）存在问题的分析与处理：对于实验过程中发现的问题（包括错误操作、出现故障），要说明现象、查找原因的过程和解决问题的措施，并总结在处理问题过程中的经验与教训。

9）实验的收获和体会：包括实验能力和综合素质上有哪些收益，掌握了哪些基本操作技能，对该实验有哪些改进建议以及体会。

总之，一个高质量的实验来自于充分的预习、认真的操作、可靠的数据和全面的实验总结。每个环节都必须认真对待，真实可信，才能达到预期的实验效果。

【思考与练习题】

1. 电路基础实验在总体上要达到哪些目的和要求？

2. 一个完整的实验过程包含几部分？

3. 写出基础验证实验的预习内容。写出设计性实验的预习内容及步骤。

4. 实验操作应分几步进行？每一步中要注意什么问题？

5. 对于实验中遇到的故障现象，应如何检查和处理？

6. 一份实验报告应包含哪些内容？

第二章　电气测量

　　电气测量是电路基础实验的重要环节，也是理工科学生必须掌握的基本技能。本章首先介绍常用电气测量仪器仪表的功能、原理及使用方法，在此基础上，进一步介绍如何用这些仪器仪表进行电气测量，然后简明扼要地阐述对测量数据的分析和处理，帮助学生建立测量的基本概念，掌握测量的基本方法。受篇幅限制，本章涉及的仪器仪表原理还需要读者参考其他书籍加以学习。仪器仪表的使用熟练程度是掌握实验基本技能的直接体现，建议学生要做到熟练掌握，并通过自学与现场操作训练结合，达到融会贯通、举一反三的效果。

2.1　电气测量仪器仪表

　　电气测量是指借助于各种电气测量仪表对电路的电压、电流、功率等物理量进行测量，从而确定被测值。利用电气测量仪表进行测量，具有速度快、量程广、精度高等特点。能满足快速测量、连续测量、自动监测和远程检测的需要。因此，电气测量在工业生产和现代科学技术领域得到越来越广泛的应用。

　　1. 常用电气测量仪表的分类

　　电气测量仪表种类很多，分类的方法也很多。主要有以下几种分类方法。

　　1）按照被测量分类。可分为万用表、电流表、电压表（毫伏表）、功率表等。

　　2）按照电流的种类分类。可分为直流表、交流表。

　　3）按照仪表的工作原理分类。可分为磁电式、电磁式、电动式、感应式等。

　　4）按照仪表的指示方式分类。有模拟式和数字式两大类。随着电子技术的迅速发展，数字式仪表的使用日益广泛，但是由于模拟式仪表的一些优点，在实验室和生产现场，仍在使用。

　　2. 常用电气测量仪表的准确度

　　准确度是电气测量仪表的主要特性之一。仪表的准确度与其误差有关。不管仪表制造得如何精细，仪表的读数和被测量的实际值之间总是有误差的。一种是基本误差，它是由于仪表本身结构的不精确所产生的。另外一种是附加误差，它是由于外界因素对仪表读数的影响所产生的，例如没有在正常工作条件下进行测量、测量方法不完善、读数不准确等。

　　仪表的准确度是根据仪表的相对额定误差来分级的。所谓相对额定误差，就是指仪表在正常工作条件下进行测量可能产生的最大基本误差 ΔA 与仪表的最大量程（满标值）A 之比，如以百分数表示，则为

$$\gamma = \frac{\Delta A}{A} \times 100\%$$

　　目前我国直读式电气测量仪表按照准确度分为 0.1、0.2、0.5、1.0、1.5、2.5 和 5.0 七级。这些数字就是表示仪表的相对额定误差的百分数。

　　例如，有一准确度为 2.5 级的电压表，其最大量程为 50 V，则可能产生的最大基本误

差为

$$\Delta U_m = \gamma U_m = \pm 2.5\% \times 50\ \mathrm{V} = \pm 1.25\ \mathrm{V}$$

在正常工作条件下，可以认为最大基本误差是不变的，所以被测值较满标值越小，则相对测量误差就越大。例如用上述电压表来测量实际值为 10 V 的电压时，则相对测量误差为

$$\gamma_{10} = \frac{\pm 1.25}{10} \times 100\% = \pm 12.5\%$$

而用它来测量实际值为 40 V 的电压时，则相对测量误差为

$$\gamma_{40} = \frac{\pm 1.25}{40} \times 100\% = \pm 3.1\%$$

因此，在选用仪表的量程时，被测量的值越接近满标值越好。一般应使被测量的值超过仪表满标值的一半以上。

准确度等级较高（0.1、0.2、0.5 级）的仪表常用来进行精密测量或校正其他仪表。

在仪表上，通常都标有仪表的类型、准确度的等级、电流的种类以及仪表的绝缘耐压强度和放置位置等符号。

2.2 电气测量方法

2.2.1 电压的测量

电压测量是电子电路测量的一个重要内容，在集总参数电路里，表征电信号能量的 3 个基本参数是：电压、电流和功率。但是，从测量的角度来看，测量的主要参量是电压，因为在标准电阻的两端若测出电压值，那么就可通过计算求得电流或功率。

电压的测量方法主要有电压表测量法和示波器测量法两种。

1. 电压表测量法

用电压表测量电压时，电压表一定要并联在被测电路两端。

测量直流电压通常都采用磁电系电压表。测量时要注意量程范围和精度。电压表是并联在被测电路两端的，为了减小对被测电路工作状态的影响，要求电压表的内阻越大越好，否则将产生较大的测量误差。对于直流电压表，还要注意"+""－"极性，保证高电位端接在电压表的"+"端。

测量交流电压通常采用电磁系电压表。实际操作中要特别注意，测量交流电压时一定要考虑其频率范围。测量工频电压时，可用万用表的交流电压档测量，但被测电压的频带很宽时，要考虑电压表的频带宽度，最好用交流毫伏表测量。

将电压表并联于被测电路两端，直接由电压表的读数决定测量结果的测量方法称为电压表的直接测量法。这种方法简便直观，是电压（电位）测量的基本方法。测量电压除了直读测量法外，还可用补偿法和微差法。

2. 示波器测量法

示波器是一种综合性的电信号测试仪器。它能够正确地测定波形的峰值及波形各部分的大小，因此在需要测量某些非正弦波形的峰值或某部分波形的大小时，用示波器进行测量便成为必须的方法了。其主要特点是：不仅能显示电信号的波形，而且还可以测量电信号的幅

度、周期、频率、相位、脉冲宽度、上升和下降时间等参数；测量灵敏度高、过载能力强；输入阻抗高。示波器种类很多，实验室中常用双通道示波器。双通道示波器还可以通过两个通道同时输入两个信号进行测量比较。用示波器测量电信号的前提是要有完整、稳定的波形显示在显示屏上。为了便于读数，一般要求显示几个周期的波形。现以 GW GDS-820C 为例，说明几种基本测量方法。

（1）估读测量法（又称数格数换算法）

周期或频率的读取：估读出被测波形一个周期在水平方向上所占的格数，再与水平刻度（TIME/DIV 即水平方向每一大格所代表的时间）指示的值相乘，即可得到被测波形的周期，从而可算出其频率。

幅值的读取：估读出被测波形在垂直方向上所占的格数，再与垂直刻度（VOLTS/DIV 即垂直方向每一大格所代表的电压值）指示的值相乘，即可得到被测波形的幅值。

（2）标尺测量法

点击标尺（Cursor）键，显示水平和垂直标尺，调节 Variable 旋钮，将标尺放置在波形被测点，读取显示屏右侧窗口中标尺的读数，即可知道波形被测点的时间量和幅度值。这种方法通常用于波形任意点的测量和相位差的测量。

（3）直接读值法

点击测量（Measure）按键，在显示屏右侧会出现各种测量数值，包括周期、频率、峰-峰值、有效值、最大值、最小值、占空比、正负脉冲宽度、上升和下降时间等参数，可以按要求逐个显示并读取。

2.2.2 电流的测量

1. 电流表测量法

用电流表测量电流时，电流表一定要串联在被测电路中。

测量直流电流通常都采用磁电系电流表。测量时要注意量程范围和精度。电流表是串接在被测电路中的，为了减小对被测电路工作状态的影响，要求电流表的内阻越小越好，否则将产生较大的测量误差。对于直流电流表，还要注意"＋""－"极性，保证电流从标有"＋"端的接线端流入仪表。

测量交流电流通常采用电磁系电流表。由于交流电流的分流与各支路的阻抗有关，而且阻抗分流很难做得很精确，所以通常使用电流互感器来扩大交流电流表的量程。钳形电流表就是用互感器扩大电流表量程的实例。钳形电流表使用非常方便，但准确度不高。

实际操作中要特别注意，电流表（钳形电流表除外）是串联在电路中的，绝不能和被测电路并联。否则由于其内阻很小，将有很大的电流流经电流表，易把电流表烧坏。

2. 示波器测量法

用示波器也可以间接测量电流的波形。可在被测电流支路中串入一个小电阻 R，被测电流在该电阻上产生压降，用示波器测量这个电压，便可间接得到电流随时间的变化图形。注意：这个串联电阻应尽量选小阻值的，保证它串入被测电路中时对被测电路影响较小，但又不能过小，应能够在示波器中显示较为稳定的波形。

2.2.3 功率的测量

电路中的功率与电压和电流的乘积有关，所以用来测量功率的仪表要有两个线圈分别反映负载电压和电流。

1. 直流功率的测量

在直流电路中，功率 $P=UI$。所以直流功率的测量可以采用间接测量方法，即用直流电流表和直流电压表的测量值，再根据公式 $P=UI$ 计算得到。图 2.2.1a 所示接法适用于负载电阻小（负载电流大）的功率测量；图 2.2.1b 所示接法适用于负载电阻大（负载电流小）的功率测量。

测量直流功率也可以采用功率表直接测出功率值。

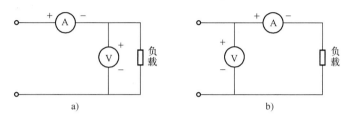

图 2.2.1　测量直流功率的两种接线方式

a）电压表后接法　b）电压表前接法

2. 单相交流功率的测量

在单相交流电路中，$P=UI\cos\varphi$，通常选用功率表测量有功功率。功率表的电流线圈与负载相串联，电压线圈与负载相并联，因此功率表上有 4 个端钮，其中电压端钮接负载两端，反映电压；电流端钮串接在负载回路中，反映电流。刻度板直接按功率为刻度。两个线圈标有"＊"的一端称为同名端。

（1）关于功率表的正确接线问题

功率表是电动式仪表，有功功率的读数与两线圈的电流方向有关，因此要规定一个"公共端"。"公共端"通常用符号"＊"表示，接线时要使两线圈的"公共端"接在电源的同一极性上，以保证两线圈电流都能从该端子流入。按此规定，功率表的正确接线有两种方式，如图 2.2.2a、b 所示，图中 R_d 为与电压线圈串联的附加电阻。除此之外的接线方式都是错误的，可能造成读数正负符号的错误。在一般情况下，考虑到电流线圈的功耗比电压线路的功耗小，如果负载电阻较大，可略去电流线圈的功耗不计，这时采用电压线圈接电源端，即图 2.2.2a 所示的接线方式较好。在精密测量时，或电源本身的功率不大而仪表的损耗不能忽略时，则功率表的读数中应引入校正值，即从读数中减去仪表本身的消耗功率。此时采用电压线圈接负载端，即如图 2.2.2b 所示的接线方式较好。

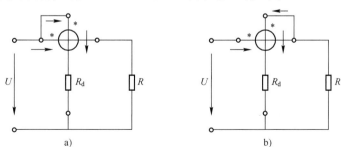

图 2.2.2　功率表的两种接线方式

a）电压前接法　b）电压后接法

（2）功率量程的选择

选择功率表的量程是要分别选择电压额定值和电流额定值。一定要使电压量程能承受负载电压，电流量程大于负载电流，不能只考虑功率大小。当功率因数很低时，即使电压和电流均达到额定值，根据 $P = UI\cos\varphi$，这时功率也不能达到额定值。可见功率表量程的选择，实则是选择电压和电流的额定值。在实际测量中，还应接入电流表和电压表，以监视负载电流和电压不超过功率表的额定电压和额定电流值。

3. 三相功率的测量

（1）一表法测三相对称负载功率

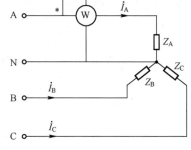

在对称三相负载系统中，可用一只功率表测量其中一相负载功率，三相功率等于功率表读数乘3。功率表的电流线圈通过的是负载的相电流，电压线圈加的是相电压。测量电路如图 2.2.3 所示。

（2）两表法测三相功率

两表法适用于三相三线制，不论负载对称与否，

图 2.2.3　一表法测量三相对称负载功率

不论采用何种接线方式，都可以使用，其接线方法如图 2.2.4 所示。其特点是两功率表的电流线圈串入任意两根端线（"∗"端接电源侧），电压线圈的对应端与电流线圈相连接，电压线圈的另一端应与没有电流线圈串入的那根端线相连接。即每次测量时，要保证功率表的电流线圈通过的是线电流，电压线圈加的是线电压。

可以证明两只功率表读数 P_1、P_2 之和恰好等于三相交流总功率。

（3）三表法测三相功率

三表法适用于三相四线制不对称负载的功率测量，即分别测得三相负载的功率，将它们相加得到总功率。三表法测量时，每次功率表的电流线圈通过的是其中的一个相电流，电压线圈加的是该相电压。测量电路如图 2.2.5 所示。

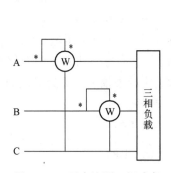

图 2.2.4　两表法测三相功率

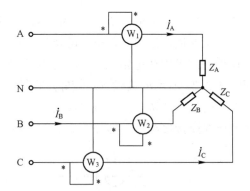

图 2.2.5　三表法测量三相功率

2.2.4　时间、频率和相位的测量

1. 时间的测量

时间的测量在科学技术各个领域都十分重要。时间的测量可用具有时间测量功能的示波器来进行。

时间测量通常是测量信号的周期、脉冲宽度、上升时间、下降时间等。

测量前应对示波器的扫描速率进行校准，将扫描微调置于校准位置，再用示波器本身的校准信号进行校准，检查扫描速率"t/div"开关标称值是否准确。

若所测时间间隔对应的长度为 L 格（DIV），扫描速率为 W（ms/DIV），X 轴的扩展系数为 k，则所测时间间隔 $T=W\times L\times k$。在测量信号的周期时，可以测量信号的一个周期时间，也可以测量 N 个周期时间，再除以周期个数 N，如图 2.2.6 所示。相对而言，后一种方法产生的误差会小些。

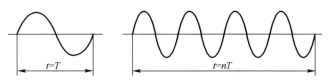

图 2.2.6　信号周期的测量

测量脉冲信号的脉冲宽度、上升时间、下降时间等参数，只要按其定义测量出相应的时间间隔即可。其测量方法是一样的。

2. 频率的测量

频率是指电信号每秒钟重复变化的次数，可采用示波器和数字频率计来测量。

（1）用示波器测量频率

由于信号的频率与周期是倒数关系，所以可用前面介绍的方法，先测得信号的周期，再求得频率。这种方法方便，但精度不太高，常用作频率的粗略测量。

（2）计数法测量频率

计数法的原理是在某个已知标准时间间隔 t 内，测出被测信号重复出现的次数 N，则频率 $f=N/t$。目前广泛采用的数字频率计就是按此原理设计的。

数字频率计是用石英晶体振荡器产生高稳定的振荡信号，经分频后产生准确的时间间隔 T，用 T 作为门控信号去控制主门的开启时间。开始测量时，先将计数器置零，被测信号经放大整形后，变换成方波脉冲，在主门开启时间 T 内通过主门，由计数器对通过主门的方波脉冲计数，直到门控信号结束，主门关闭，停止计数。若在时间间隔 T 内计数值为 N，则被测信号频率为 $f=N/T$，最后由译码显示电路将测量结果显示出来。

3. 相位的测量

所谓相位测量，通常是指测量两个同频率信号之间的相位差，如测量放大电路的输出信号相对于输入信号的相移特性等。

用双通道示波器测量两个信号之间的相位差是很方便的。测量时，把两个通道的基准线调到重合，再测试波形。要选定其中一个输入通道的信号作为触发源，调整触发电平，以显示出两个稳定的波形，如图 2.2.7 所示。两波形的相位差为

$$\varphi=\frac{L_{\mathrm{X}}}{L_{\mathrm{T}}}\times 360°$$

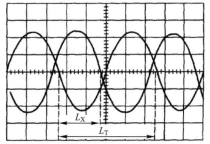

图 2.2.7　相位的测量

2.2.5　直流电阻的测量

电阻的数值一般分为低值（<1 Ω），中值（1～10^6 Ω）和高值（>10^6 Ω）。为了测量准确，对不同数值的电阻所用测量方法也不同，这里主要介绍中值电阻的测量方法。

1. 欧姆表法

欧姆表法是电阻的直接测量方法，主要是用万用表的欧姆档来测定电阻。用这种方法测量电阻很方便，但不够准确。测量时被测电阻不能带电，倍率的选择要使指针偏转到容易读数的中段，每次测量前要调好零点。

用数字万用表的电阻档来测量电阻时，其测量准确度较高，可达 0.1%，电阻的测量范围也较宽，为 10^{-2} Ω～20 MΩ。

测量高值电阻时，可采用绝缘电阻表（俗称兆欧表），它可测 0.1 MΩ 以上的高电阻，如电机绕组的绝缘电阻。

2. 伏安法

伏安法用电压表和电流表分别测出被测电阻两端电压和通过电阻的电流，然后用公式 $R = U/I$ 算出被测电阻的数值，属于间接测量方法。所测结果的准确度，除了决定于所用电压表和电流表的准确度外，还与测量仪表在电路中的接法有关。

3. 替代法

为了克服用伏安法测量电阻时仪表接法和仪表本身的误差对测量结果的影响，可以采用替代法来测电阻。用替代法测量电阻时，要有一个电阻值准确的标准电阻箱 R_n。测量方法如下。

1）按图 2.2.8 所示电路接线，图中 R_x 为被测电阻，R 为可变电阻，R_n 为标准电阻箱。

2）将开关 S 合到 1，调节 R 使电流表中可以读出较大的电流，记下读数。

3）电源 E 和电阻 R 保持不变，将 S 合到 2，用标准电阻箱 R_n 代替 R_x，调节 R_n 使电流表的读数与前面相同，这时被测电阻值就等于标准电阻箱 R_n 的电阻值。

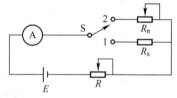

图 2.2.8　替代法测电阻电路

这种方法的测量误差仅取决于所用标准电阻是否准确以及电源电压是否稳定，而与所用仪表等因素无关。

用以上 3 种方法测量电阻比较简便，但准确度不够高。用电桥来测电阻比较准确。

2.2.6　量程的扩展

1. 电压表扩大量程的方法——串联附加电阻

如图 2.2.9 所示的测量电路，电压表内电阻为 R_V，附加电阻为 R_S，流过电压表的电流为 I，附件电阻 R_S 与电压表串联后，起到了分压的作用。流过电压表的电流为

$$I = \frac{U_V}{R_V} = \frac{U}{R_V + R_S}$$

设 $K = \dfrac{R_V + R_S}{R_V}$，则

$$U = KU_V$$

$$R_S = (K-1)R_V$$

由此可见，要将电压表的量程扩大 K 倍，只需串入一只 $(K-1)R_V$ 的电阻就可以了。K 称为电压扩程倍数。

2. 电流表扩大量程的方法——附加分流器

磁电系电流表测量电流的范围很小，通常只能作检测计、微安表和毫安表，故要扩大量程。一般采用附加分流器的方法来实现。如图 2.2.10 所示，原来只能通过电流 I_g，现在要通过电流 I，故在流过分流器的电流为 $I_B = I - I_g$。

所以，
$$I_g R_g = \frac{IR_B}{R_g + R_B} R_g$$

$$I = \frac{(R_g + R_B) I_g}{R_B}$$

设 $K = \dfrac{(R_g + R_B)}{R_B}$，则

$$I = KI_g$$

分流电阻 $R_B = \dfrac{R_g}{(K-1)}$，K 称为扩程倍数。

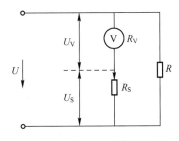

图 2.2.9　扩大电压表的量程

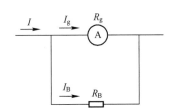

图 2.2.10　扩大电流表的量程

【思考与练习题】

1. 电压有几种测量方法？

2. 欲测某负载上的工频正弦交流电压，若只需测量其大小，用什么仪器测量最简单？画出测量电路，若还需要测量频率或周期，用什么仪器？

3. 欲测某负载上的直流电流，用什么仪器测量最简单？画出测量电路。

4. 三相功率有几种测量方法？写出它们的适用条件。

5. 画出三相负载三角形联结时用两表法测量三相总功率的电路图。

6. 直流电阻有几种测量方法？

2.3　测量误差的分析与测量数据的处理

2.3.1　测量误差的分析

1. 测量误差的表示方法

（1）绝对误差

测量结果 X 与被测量的真值 A 之差称为绝对误差，即

$$\Delta = X - A$$

Δ 是一个具有大小、符号和单位的值，反映的是测量结果与真值的偏差程度，但不能反映测量的准确程度。

（2）相对误差

相对误差是指绝对误差 Δ 与真值 A 之比的百分数，即

$$\beta = \Delta / A \times 100\%$$

相对误差反映了测量的准确度。

2. 误差的分类及减少的主要途径

在实际测量中，测量结果与实际值总是存在差异，这种差异称为测量误差。

（1）系统误差

在多次测量中，遵循一定变化规律或保持不变的误差，称为系统误差。其产生原因有以下几种。

1）测量仪器本身的误差：由于测量仪器、仪表引起的误差，有基本误差和附加误差两种。前者是受仪器制造工艺的限制造成的，后者是由于工作条件不符合仪器而造成的。

2）测量方法引起的误差：由于测量方法的不完善，或运用了近似公式，或未计进接触电阻、仪表内阻、漏电、热电势等因素造成的误差，还有由于仪器位置摆放不恰当所引起的误差，都是方法误差。

减小系统误差通常的方法有：①选择合理的测量方法；②选择适当的仪表及量程配上合适的附加装置；③改善仪表的安装质量和配线方式；④采用合适的屏蔽措施，除去外电场、磁场的影响。

若系统误差已经知道，则可以在测量结果中引入校正值，以消除系统误差。

（2）随机误差

其大小、符号都没有确定的规律误差，也称为随机误差。由于周围环境的变化，如：温度、湿度、磁场、电场、电源等因素造成在相同的条件下进行多次相同的测量，会有完全不相同的结果，这种误差称为随机误差。

随机误差是随机的，不可以在一次测量中加以消除，必须重复测量后取测量的算术平均值。测量次数越多，误差越小。

（3）疏失误差

由于测量过程中测量人员的粗心大意引起测量结果的不正确或读数不正确等造成的误差称为疏失误差，也称为粗大误差。

疏失误差往往和正常值有很大的偏差，利用这一点可以将这些可疑的数据筛除。

2.3.2 测量数据的有效数字

在测量中对数据进行记录时，并非小数点后的位数越多越精确。由于误差的存在，测量的数据严格说只是一个近似值。因此，测量的数据就由"可靠数字"和"欠准数字"两部分构成，两者合起来称为"有效数字"。例如用量程 100 mA 的电流表去测量某支路电流时，读数为 72.4 mA，前面的"72"称为"可靠数字"，最后的"4"称为"欠准数字"（即估计读数），则 72.4 mA 的"有效数字"是 3 位。

1）记录测量数据时，一般只保留 1 位欠准数字。因此，在记录的测量数据中，只有最后 1 位有效数字是欠准数字，它表明被测量可能在最后 1 位数字上变化±1 个单位。例如测

得某个电压为 12.4 V，"4"是欠准数字，它是估读出来或末位进舍的结果，有可能是"3"，也有可能是"5"。

2）"0"在数字中间和数字末尾都算为有效数字，而在数字的前头，则不算是有效数字。有效数字的位数与小数点的位置无关。例如：100、3.50、0.0210 和 0.123 等，它们都是 3 位有效数字。

3）在欠准数字中要特别注意"0"的情况。例如，测量某电阻的数值表示为 10.200 kΩ，表明前面 4 位都是准确数字，最后 1 位"0"是欠准数字，则有效数字是 5 位；如果改写成 10.2 kΩ，则表明前面 2 位是准确数字，最后 1 位"2"是欠准数字，有效数字是 3 位。虽然这两种写法表示同一个数值，但实际上却反映了不同的测量准确度。所以对于读数末位的"0"（即欠准数字）不能任意增减，而是由量具的准确度来决定。

4）大数值与小数值要用幂的乘积形式表示。例如，测得某电阻为二万三千欧，当有效数值的位数取 3 位时，则应记为 2.30×10^4 Ω 或，不能记为 23000 Ω。因为 23000 表示的是 5 位有效数字。

5）表示常数的数字如 π、e、$\sqrt{2}$、$\frac{1}{3}$ 等，它们在计算式中的有效数字位数没有限制，可以按需要确定其有效数字的位数。

6）表示相对误差时的有效数字，通常取 1~2 位，例如±1%、±0.5%等。

7）当测量结果需要进行中间运算时，有效数字的取舍原则上取决于参与运算的各数中精度最差的那个数据的精度。例如对 10.6、0.056、101.664 这 3 个数据进行运算时，小数点后最少位数（即精度最差）的数据是 10.6，所以应将其他数据按四舍五入原则修约到小数点后 1 位数，即 0.056≈0.1，101.664≈101.7，然后再进行运算。对于乘方或开方的运算结果可以比原数据多保留 1 位有效数字。例如，$\sqrt{2}=1.41$。

2.3.3　测量数据的读取与记录

实验过程中，读取和记录数据是实验中非常重要的环节。根据数据的显示方式，可分为数字显示、模拟（指针）显示和波形显示。

1. 数字式仪表的读数与记录

数字式仪表通常是将测量数据以十进制数字显示出来的，所以可以直接读出被测量的数值，并予以记录而无须再经过换算。需注意的是，在使用数字式仪表时，若量程选择不当则会丢失有效数字，降低测量精度。例如，用数字电压表测量真值为 1.7 V 的电压，在不同量程时，其显示值及对应的有效数字位数见表 2.3.1。

表 2.3.1　不同量程时的显示值及对应的有效数字位数

量程选择/V	2	20	200
显示结果/V	1.680	01.68	001.7
有效数字的位数	4	3	2

由表 2.3.1 可见，上例中选择"2 V"的量程最恰当，其他量程都会损失有效数字且误差大。因此，在实际测量时，一般应使被测量的数值小于但接近于所选择量程，而不可选择过大（或过小）的量程，以免扩大误差。

2. 模拟式仪表的读数与记录

与数字式仪表不同，模拟式仪表的指示值一般并不是被测量的数值，而要经过指针读数、计算仪表常数和换算过程，才可以得到的测量结果。

（1）指针读数

它是直接读出仪表指针所指出的刻度标尺值，用格数（Div）表示。图 2.3.1 所示是指针在均匀标度尺上读取有效数字的示意图，量程均选择 30 V（用 X 表示）档。其中，图 2.3.1a 是测量第一个电压的指针读数，为 18.6 格；图 2.3.1b 是测量第二个电压的指针读数，为 116.0 格，它们的有效数字位数分别为 3 位和 4 位。测量时应首先记录上述的指针读数。

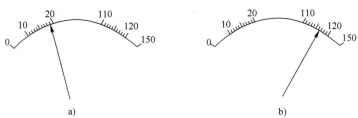

图 2.3.1 指针在均匀标度尺上读取有效数字

a）测量第一个电压的指针读数 b）测量第二个电压的指针读数

（2）计算仪表常数

在指针式仪表的刻度标度尺上每分格所代表的被测量的大小称为仪表常数，记为 C。它与指针仪表选择的量程 X 及刻度尺的满刻度格数 A 有关，即 $C = \dfrac{X}{A}$。在图 2.3.1 中，由于（量程）$X = 30$ V，且满刻度数都是 150，则 $C = \dfrac{X}{A} = \dfrac{30}{150} = 0.2$ V/Div。

值得注意的是，对于同一仪表如果选择的量程或刻度尺不同，则仪表常数也不同。

（3）换算过程

被测数据=表示指针读数×仪表常数。所以，对于图 2.3.1a，指针所处位置的测量数据为 $U_1 = 18.6$ Div×0.2 V/Div = 3.72 V。

同理，可得到图 2.3.1b 的测量数据为 $U_2 = 116.0 \times 0.2$ V/Div = 23.20 V。

换算时要注意，测量数据的有效数字位数应与仪表读数的有效位数一致。

3. 波形的读取与记录

在实验过程中，常用示波器观察电信号的波形。波形的读取和记录可按以下过程进行。

1）用示波器观察的电信号，首先应不失真地重现该信号的波形，并在显示屏上将波形的幅度、周期数量以及起点位置调整合适，具体可参照前面章节中示波器的有关内容操作。

2）在坐标纸上标出合适的横坐标、纵坐标的单位及坐标原点，并注意正确反映波形与基线的相对位置。

3）在坐标系上标出能够反映波形变化趋势的关键点及其坐标值。关键点是指原点、波形变化中的转折点或断点、坐标轴上的截距点、波峰和波谷的对应点等。

4）将各关键点用光滑线连续描绘出来，形成完整的波形图。注意，所描绘的波形图要能够正确地反映被测电信号之间的幅值、相位和周期关系。

2.3.4 测量数据的处理

由实验所得到的数据，往往还是看不出实验规律或结果，因此必须对这些实验数据进行整理、计算和分析，才能从中找出实验规律，得出实验结论。常用的实验数据处理法为列表法和图示法。

1. 列表法

列表法是将测量的数据填写在经过设计的表格上，便于从中一目了然地得知实验中的各种数据以及它们之间的简单关系，这是记录实验数据最常用的方法。例如，表 2.3.2 所示是根据电路已知参数，计算和验证 KCL 定律中 3 条支路电流 $I_1 + I_2 = I_3$ 的关系。从表中看出，理论计算的数据符合 KCL 定律，测量的数据同样也基本符合 KCL 定律，同时通过计算相对误差均不超过±5%，可以认为测量数据基本可信。

表 2.3.2 验证 KCL 的表格

支 流 电 流	I_1	I_2	I_3
理论计算值/mA	7.26	5.62	12.88
测量指示值/mA	7.15	5.50	12.3l
计算相对误差/（%）	−1.5	−2.1	−4.4

不同的实验内容，表格的样式也不尽相同。设计表格的关键是预先分布好测试点，选择的测试点必须能够准确地反映测试量之间的关系，以便于发现实验结果的变化规律。因此要特别注意不要遗漏一些关键的测试点。例如对于线性变化规律的测试量，对应于直角坐标系的两个截距通常就是关键点；对于非线性的测试量，若测试的曲线有转折区域时，则在曲线的拐点处附近要多选择几组测试点，才能比较精确地描绘出测试曲线的变化情况。

2. 图示法

图示法是将测量数据用曲线或其他图形表示的方法。在研究几个物理量之间的关系时，用图形来表示它们之间的关系，往往比用数字、公式和文字的表示更形象、更直观。图示法中常用各种曲线来反映测量结果。绘制曲线时要注意以下几点。

1）选择合适的坐标系。一般有直角坐标系、极坐标系和对数坐标系，不同的坐标系应选用各自专用的坐标纸来描绘。

2）正确标注坐标轴。一般横坐标代表自变量，纵坐标代表因变量。在横、纵坐标轴的末端要标明其所代表的物理量及其单位，并恰当地进行坐标分度。

3）合理选取测试点。在曲线变化陡峭和拐点部分要多取几个测试点，在曲线变化平缓部分可少取一些测试点。

4）分别标明记号。在坐标纸上标出测试点的对应位置。测试点的记号可用"●""○""×""△"等表示，同一条曲线测试点的记号要求相同，而不同类别的数据，则应以不同的记号加以区别。

5）修匀曲线。在实际测量过程中，由于测量数据的离散性，若将这些测试点直接连接起来，所得到曲线将呈折线状，如图 2.3.2 所示的虚线部分。这样的曲线往往是不合适的，应视情况绘出拟合曲线，使其成为一条光滑均匀的曲线，

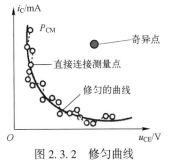

图 2.3.2 修匀曲线

这个过程称为曲线的修匀，如图 2.3.2 所示的实线部分。也就是说，对于明显脱离大多数测量数据所反映规律的个别点（称为奇异点），在修匀曲线的过程中应予以剔除。

特别是对于一些复杂的实验电路，借助仿真软件进行仿真实验，可以预先了解实验数据以及曲线、波形或其他图形的变化趋势，这对于判断实验结果以及描绘曲线等，都是很有益的帮助。

【思考与练习】

1. 简述测量误差的定义和误差的来源，绝对误差和相对误差有何联系和区别？

2. 测量两个电压，分别得到它的测量值为 9 V、101 V，它们的真值分别为 10 V、100 V，求测量的绝对误差和相对误差。

第三章　电路设计与仿真

3.1　Multisim 在电路设计中的应用

电路设计是人们进行电子产品设计、开发和制造过程中十分关键的一步。在电子技术的发展历程中，传统的设计方法是首先由设计人员根据自己的经验，利用现有通用元器件，完成各部分电路的设计、搭试、性能指标测试等，然后构建整个系统，最后经调试、测量达到规定的指标。这种方法不但花费大、效率低、周期长，而且基本上只适用于早期的较为简单的电子产品的设计，对于比较复杂的电子产品的设计越来越力不从心。

电子设计自动化（Electronic Design Automation，EDA）是以计算机为工作平台，融合电子技术、计算机技术、信息处理技术、智能化技术等成果而研制的计算设计软件系统。它从系统设计入手，先在顶层进行功能划分、行为描述和结构设计，然后在底层进行方案设计与验证、电路设计与印制电路板设计。在这种方法中，设计过程的大部分工作（特别是底层工作）均由计算机自动完成。采用 EDA 技术不仅可使设计人员在计算机上实现电子电路的设计、印制电路板的设计和实验仿真分析等工作，而且可在不建立电路数学模的情况下对电路中各个元件存在的物理现象进行分析。因此，被誉为"计算机里的电子实验室"。EDA 是电子技术发展历程中产生的一种先进的设计方法，是当今电子设计的主流手段和技术潮流，是电子设计人员必须掌握的一门技术。

电子电路设计与仿真软件 Multisim 是从电路仿真设计到版图生成全过程的电子设计工作平台，是一套功能完善、方便使用的 EDA 工具。其中，Multisim 14 是 TI 公司近期推出的版本，提供了相当广泛的元器件，从无源器件到有源器件、从模拟器件到数字器件、从分立元件到集成电路，有数千个器件模型；同时提供了种类齐全的电子虚拟仪器，操作类似于真实仪器。此外，还提供了电路的分析工具，以完成对电路的稳态和瞬态分析、时域和频域分析、噪声和失真分析等，帮助设计者全面了解电路性能。通常在电路设计实际操作之前，使用 Multisim 软件先完成仿真实验，参数优化，并获得接近于理论计算的（仿真）数据。

3.1.1　Multisim 14 界面导论

Multisim 14 启动以后的操作界面如图 3.1.1 所示。主要包含以下几个部分：仿真窗口、标题栏、主菜单栏、标准工具栏、元器件库、虚拟仪器仪表库等。界面中带网格的大面积部分就是仿真窗口，是 Multisim 14 的主工作窗口，所有电路的输入、连接、编辑、测试及仿真均在该窗口内完成。

1. 主菜单栏

Multisim 14 主菜单栏如图 3.1.2 所示。其主要由文件、编辑、视图、绘制、MCU、仿真、转移、工具、报告、选项、窗口、帮助等菜单构成。这些菜单提供对电路进行编辑、视窗设定、添加元件、单片机专用仿真、仿真、生成报表、系统界面设定以及提供帮助信息等功能。

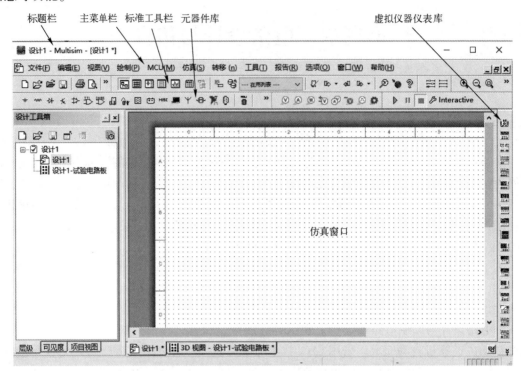

图 3.1.1　Multisim 14 操作界面

图 3.1.2　主菜单栏

2. 标准工具栏

在图 3.1.1 中的主菜单栏下为标准工具栏，如图 3.1.3 所示。像大多数 Windows 应用程序一样，Multisim 14 把一些常用功能以图标的形式排列成一条工具栏，以便于用户使用。各个图标的具体功能可参阅相应菜单中的说明。

图 3.1.3　标准工具栏

3. 元器件库

Multisim 14 软件提供了丰富的、可扩充和自定义的电子元器件。元器件根据不同类型被分放在 18 个元器件库中，这些库均以图标形式显示在主窗口界面上，如图 3.1.4 所示。下面简单介绍常用元器件库所含的主要元器件。

图 3.1.4　元器件库

使用时需要注意的是，Multisim 14 提供的元器件有实际元器件和虚拟元器件两种：虚拟元器件的参数可以修改，而每一个实际元器件都与实际元器件的型号相对应，参数不可改变。在设计电路时，尽量选取在市场上可购到的实际元器件，并且在仿真完成后直接转换为 PCB 文件。但在选取不到某些参数或要进行温度扫描、参数分析时，可以选取虚拟元器件。

（1）信号源库（Source）

包括直流电压源与电流源、交流电压源与电流源、各种受控源、AM 源、FM 源、时钟源脉宽调制源、压控振荡器和非线性独立电源等。如图 3.1.5 所示。

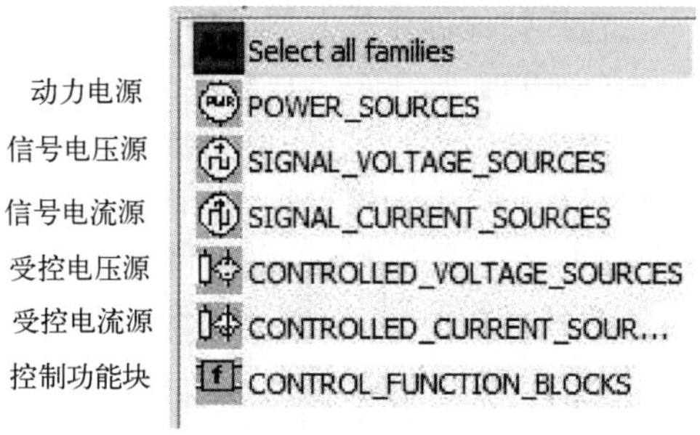

	Select all families	
动力电源	POWER_SOURCES	
信号电压源	SIGNAL_VOLTAGE_SOURCES	
信号电流源	SIGNAL_CURRENT_SOURCES	
受控电压源	CONTROLLED_VOLTAGE_SOURCES	
受控电流源	CONTROLLED_CURRENT_SOUR...	
控制功能块	CONTROL_FUNCTION_BLOCKS	

图 3.1.5　信号源库

（2）基本元器件库（Basic）

包括电阻、电容、电感、变压器、继电器、各种开关、电流控制开关、压控开关、可变电阻、电阻排、可变电容、电感对和非线性变压器等。如图 3.1.6 所示。

（3）晶体管库（Transistors）

包括 NPN 晶体管、PNP 晶体管、各种类型场效应晶体管等。如图 3.1.7 所示。

	<所有系列>			<所有系列>
虚拟基础元件	BASIC_VIRTUAL	虚拟晶体管		TRANSISTORS_VIRTUAL
虚拟定额元件	RATED_VIRTUAL	NPN晶体管		BJT_NPN
虚拟3D元件	3D_VIRTUAL	PNP晶体管		BJT_PNP
电阻排	RPACK	晶体管阵列		BJT_COMP
开关	SWITCH	达林顿NPN晶体管		DARLINGTON_NPN
变压器	TRANSFORMER	达林顿PNP晶体管		DARLINGTON_PNP
非理想 RLC	NON_IDEAL_RLC	带阻 NPN型晶体管		BJT_NRES
负载	Z_LOAD	带阻 PNP型晶体管		BJT_PRES
继电器	RELAY	CRES晶体管		BJT_CRES
插座	SOCKETS	绝缘栅双极型晶体管		IGBT
可编辑器件符号	SCHEMATIC_SYMBOLS	耗尽型MOS管		MOS_DEPLETION
电阻	RESISTOR	常用N沟道MOS管		MOS_ENH_N
电容	CAPACITOR	常用P沟道MOS管		MOS_ENH_P
电感	INDUCTOR	常用COMP MOS管		MOS_ENH_COMP
电解电容	CAP_ELECTROLIT	N沟道结型场效应管		JFET_N
可变电阻	VARIABLE_RESISTOR	P沟道结型场效应管		JFET_P
可变电容	VARIABLE_CAPACITOR	N沟道功率 MOS管		POWER_MOS_N
可变电感	VARIABLE_INDUCTOR	P沟道功率 MOS管		POWER_MOS_P
电位器	POTENTIOMETER	COMP功率 MOS管		POWER_MOS_COMP
KEMET电容器	MANUFACTURER_CAPACITOR	可编程单结晶体管		UJT
		热效应管		THERMAL_MODELS

图 3.1.6　基本元器件库 　　　　　图 3.1.7　晶体管库

（4）二极管库（Diode）

包括普通二极管、发光二极管、肖特基二极管、稳压二极管、二端和三端晶闸管开关、

全波桥式整流电路等。如图 3.1.8 所示。

（5）模拟集成元器件库（Analog ICs）

包括各种运算放大器、电压比较器、稳压器和专用集成芯片等。如图 3.1.9 所示。

（6）TTL 元件库（TTL）

包括各种类型的 74 系列的数字集成电路等。如图 3.1.10 所示。所有芯片的元件功能、引脚排列、参数和模型等信息都可以从属性对话框中读取。

（7）CMOS 元件库（CMOS）

包括各种类型的 CMOS 集成电路等。如图 3.1.11 所示。

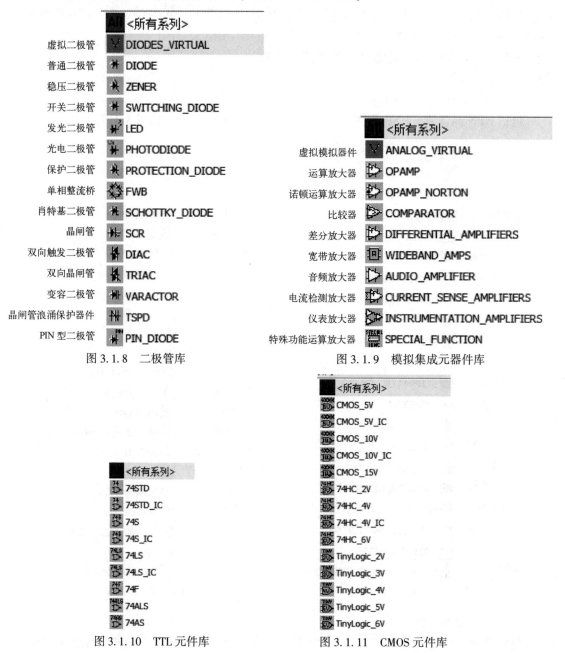

图 3.1.8　二极管库　　　　　　　　　图 3.1.9　模拟集成元器件库

图 3.1.10　TTL 元件库　　　　　　　图 3.1.11　CMOS 元件库

（8）其他数字元件库

包括 DSP、CPLD、FPGA、微处理器、微控制器、有损传输线、无损传输线等。

（9）混合集成元器件库（Mixed ICs）

包括定时器、A/D 转换器、D/A 转换器、模拟开关、多谐振荡器等。如图 3.1.12 所示。

（10）指示器件库（Indicators）

包括电压表、电流表、逻辑探针、蜂鸣器、灯泡、数码显示器、条形显示器等。如图 3.1.13 所示。

图 3.1.12　混合集成元器件库　　　　　图 3.1.13　指示器件库

（11）功率元器件库（Power Components）

包括各种熔丝、调压器、PWM 控制器等。

（12）其他器件库

包括真空管、光耦器件、电动机、晶振、真空管、传输线、滤波器等。

（13）射频器件库

包括射频电容、感应器、晶体管、MOS 管、隧道二极管等。

（14）机电类元件库

包括各种电机、螺线管、加热器、保护装置、线性变压器、继电器、接触器和开关等。

（15）高级外设库

包括键盘、LCD、终端等。

（16）单片机模块库

包括 805X 的单片机、PIC 微控制器、RAM 及 ROM 等。

（17）放置 NI 元器件

各种数据采集元件。

（18）3D 元器件

Multisim 14 还提供了一组 3D 元器件，用于 3D 仿真，例如图 3.1.14 所示。

4. 虚拟仪器仪表库

（1）Multisim 14 提供的仪器仪表

仪器、仪表是在电路测试中必须用到的工具，Multisim 14 虚拟仪器仪表库界面如图 3.1.15 所示。Multisim 14 的虚拟仪器、仪表除包揽了一般电子实验室常用的测量仪器外，还拥有一些一般实验室难以配置的高性能测量仪器，如安捷伦的 Agilent33120 型函数发生器、安捷伦54622D示波器、泰克的TDS2040型4通道示波器、逻辑分析仪等。这些虚拟仪器不仅功能齐全，而且它们的面板结构、操作几乎和真实仪器一模一样，使用非常方便。

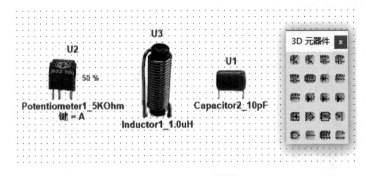

图3.1.14　3D元器件

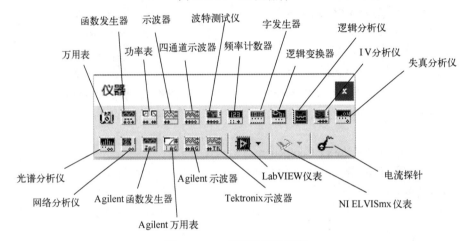

图3.1.15　虚拟仪器仪表库

（2）常用仪器仪表的使用

1）数字万用表。Multisim 14提供的仪器仪表都有两个界面，称其为图标和面板。图标用来调用，而面板用来显示测量结果。

数字万用表的图标和面板如图3.1.16所示。在仿真窗口中双击数字万用表的图标（3.1.16a），会出现如图3.1.15b所示的面板。使用时连接方法、注意事项与实际万用表相同，也有正、负极接线端，用于测量电压、电流、电阻和分贝值。

2）功率表。Multisim 14提供的功率表如图3.1.17所示，用来测量电路的功率。

使用时应注意电压线圈的接线端子的"+"端与电流线圈的"+"端要连接在一起，电压线圈要并联在待测电路两端，而电流线圈要串联在待测电路中。仿真时，功率表可以显示有功功率与功率因数。

3）函数发生器。Multisim 14提供的函数发生器（Function Generator）如图3.1.18所示，是用来

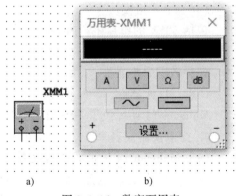

图3.1.16　数字万用表

a）图标　b）面板

26

产生正弦波、三角波和方波信号的仪器。使用时可根据要求在波形区（Waveforms）选择所需要的信号；在信号选项区（Signal Options）可设置信号源的频率（Frequency）、占空比（Duty Cycle）、幅度（Amplitude）、偏置电压（Offset）；按"设置上升/下降时间"按钮，可以设置方波的上升时间和下降时间。

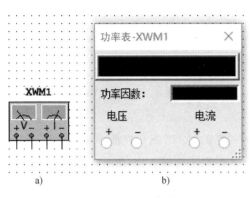

图 3.1.17　功率表

a）图标　b）面板

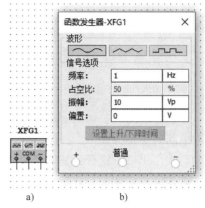

图 3.1.18　函数发生器

a）图标　b）面板

函数发生器上有"+""COM""–"3 个接线端子，连接"+"和"COM"端子时，输出为正极性信号；连接"COM"和"–"端子时，输出为负极性信号；同时连接 3 个端子，且将"COM"端接地时，则输出两个幅度相同、极性相反的信号。

4）示波器。Multisim 14 提供的双通道示波器（Oscilloscope）如图 3.1.19 所示。双击图标（3.1.19a），即可打开示波器面板（3.1.19b）。面板上有 A、B 两个通道信号输入端，以及外部触发信号输入端。可在面板里分别设置两个通道 Y 轴的比例尺、两个通道扫描线的 X 轴的比例尺、耦合方式、触发电平等。

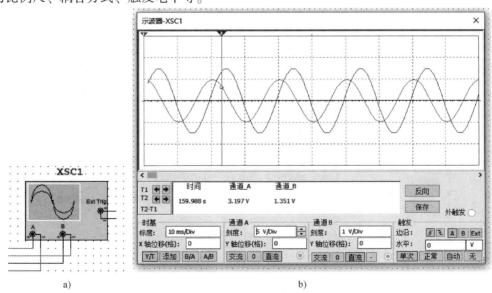

图 3.1.19　示波器

a）图标　b）面板

为了在示波器屏幕上区分不同通道的信号，可以给不同通道的连线设定不同的颜色，波形颜色就是相应通道连线的颜色。设定方法为右击连线，弹出快捷菜单，选择其中的"区段颜色"，就可方便地改变连线的颜色了。

其他仪表仪器的使用方法请读者查阅相关资料或通过实践了解掌握。

3.1.2 建立电路

运行 Multisim 14，会自动打开一个空白的电路文件，也可以通过新建按钮，新建一个空白的电路文件。

1. 界面设置

创建电路时，可对 Multisim 14 的基本界面进行一些必要的设置，使得在调用元件和绘制电路时更加方便。

在菜单栏中选择"选项"→"电路图属性"项，将弹出对话框。在此对话框中可设置是否连续放置元件，设定是否显示元件的标识、序号、参数、属性、电路的节点编号，选择电子图纸电子平台的背景颜色和元件颜色，设置电子图纸是否显示栅格、纸张边界、纸张大小，设置导线和总线的宽度以及总线布线方式，设定符号标准等。Multisim 14 提供了两套电器元器件标准：美国标准（ANSI）和欧洲标准（DIN），我国的现行标准比较接近于欧洲标准，所以设定为欧洲标准。

2．元器件调用

（1）查找元器件

Multisim 14 中有两种方法可以查找元器件。一是分门别类地浏览查找，二是输入元器件名称搜索查找。第一种方法适合初学者和对器件名称不太熟悉的人员，后一种方法适合对元器件库相当熟悉的使用者。这里主要介绍第一种方法。

在元器件工具栏上单击任何一类元器件按钮，将弹出元器件库浏览窗口，如电源元器件库的浏览窗口如图3.1.20所示。在该浏览窗口中首先在"组"下拉列表中选择元器件组，

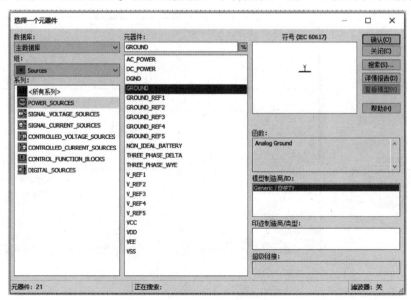

图 3.1.20　电源元器件库窗口

再在"系列"下拉列表中选择相应系列,这时,元器件区会显示该系列的所有元器件列表,选择某种元器件,功能区就出现了该元器件的信息。

（2）取用放置实际元器件

实际元器件即在市场上可买到的元器件。取用时,单击所要取用元器件所属的实际元器件库,选择相应的组和系列,再从元器件列表中选取所需的元器件,单击"OK"按钮,此时元器件被选出,电路窗口中出现浮动的元器件,将该元器件拖至合适的位置,单击鼠标放置该元器件即可。

（3）取用虚拟元器件

取用方法和取用实际元器件一样。不同的是虚拟元器件的参数值可由用户自行定义,所设置的参数可以是市场上所没有的,可由用户根据自己需要进行虚拟设置。

（4）设置元器件属性

每个被取用的元器件都有默认的属性,包括元器件标号、元器件参数值、显示方式和故障等,用户只要双击元器件的图标,即可通过属性对话框对其属性进行修改。

（5）元器件参数修改

为了修改元器件的参数,可双击元器件的图标,会弹出其属性对话框。该对话框中有很多项可以选择,可以对元器件的参数,如标识、显示方式、标称值、故障设置、变量设置等进行设置。

3. 元器件的移动、复制、删除

元器件被放置后还可以任意剪切、复制、旋转、着色、搬移和删除。其中剪切、复制、旋转和着色等操作,可通过鼠标右键单击元器件,在弹出的菜单中选择相应的操作命令即可实现。搬移单个元器件时,可用鼠标指向所要移动的元器件,按住左键,拖动鼠标至合适位置后放开左键即可；移动整个区域元器件时,可先将该区域的元器件用鼠标框选中,将鼠标放至任一元器件图标上方,按住左键,拖动鼠标进行移动；删除元器件时,只需选中该元器件,然后按 Del 键即可,但此操作在仿真（运行）模式下不能执行。

4. 元器件连接

将元器件选中并放置到电路窗口后,用鼠标左键单击元器件引脚,拖动鼠标至目标元器件引脚再次单击,即可完成连接。在连线过程中按 ESC 或单击右键可终止连接。如果需要断开已连好的连线并移动至其他位置,则将光标放在要断开的位置单击后,移动光标至新的引脚连接位置,再次单击完成连线。

如果要检验连线是否连接可靠,可以拖动元器件,如果连线跟着移动,则表明已连接可靠。

如果要改变连接线的颜色,可用鼠标右键单击连线,在弹出的如图 3.1.21 所示菜单中选择"区段颜色",即可修改连线的颜色。

5. 仪器的调用及连接

仪器的调用及连接和元器件的调用及连接方法相同。用鼠标左键单击虚拟仪器仪表工具栏上的相应仪器,鼠标箭头将变成虚拟仪器的图标,单击左键可调入仪器,然后将仪器仪表连入待测电路。

仿真电路创建成功,并连接测试仪器仪表后,则可对文件进行保存,用于后续运行仿真、查看分析、测试结果等。

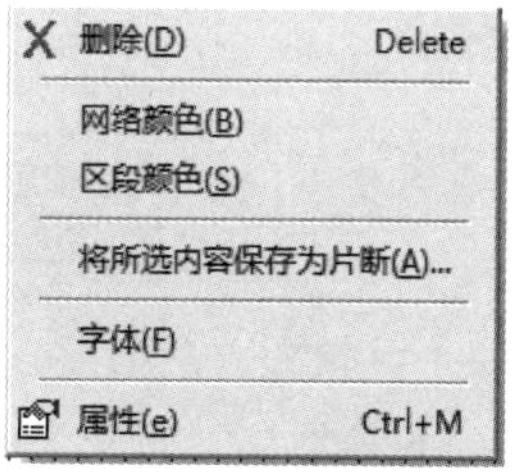

图 3.1.21　改变线条颜色

3.1.3 电路仿真分析

电路连接完成后，就可以通过 Multisim 14 提供的基本仿真分析方法对建立的电路进行仿真分析。

Multisim 14 提供了器件特性分析、直流工作点分析、交流分析、瞬态分析、傅里叶分析、噪声分析、失真分析、直流扫描分析、灵敏度分析、参数扫描、温度扫描、零–极点分析、传输函数分析、最坏情况分析、蒙特卡罗统方法、批处理分析、用户定义分析等分析功能。下面将通过几个简单的电路进行电路的建立和仿真分析示例。

1. *RC* 电路的瞬态分析

电路暂态过程的分析可以用瞬态分析（Transient Analysis）。如 *RC* 电路的电容充电过程的分析。首先创建 *RC* 电路，假定电容的初始电压为 0，换路后的电路中电容上电压的响应为零状态响应，其电压随时间按照指数规律变化，利用瞬态分析可清楚地显示电压的变化曲线。

1）建立 *RC* 电路如图 3.1.22 所示。分析时选择节点变量，让电路中的节点编号都显示出来。方法是选择主菜单的"选项"→"电路图属性"中的"电路图可见性"对话框，在"网络名称"的属性设置中选择"全部显示"，节点编号就显示出来了。

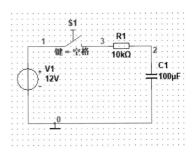

图 3.1.22 建立 *RC* 电路

2）选择主菜单的"仿真"的"Analyses and Simulation"，选择"瞬态分析"，即可打开瞬态分析对话框，在初始条件设定区设置初始条件，这里设初始条件为"设为零"。同时设定仿真起始时间、停止时间以及最大步长，如图 3.1.23 所示。

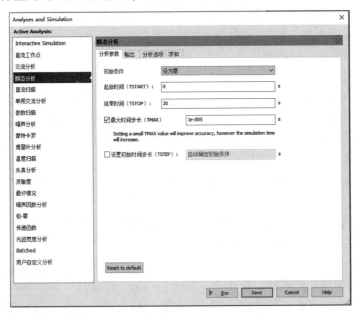

图 3.1.23 "分析参数"设置

还需要在"输出"选项卡中选择分析的节点变量，其中带 V 的节点变量标识的是该节点的电压变量；带 I 的变量是流过该节点的电流变量。这里分析电容上的电压变化过程，所以选择节点 2 的电压变量作为分析变量。即从左边的备选变量栏中选 V(2)，单击"添加"按钮就可以加到右边的分析变量栏中，如图 3.1.24 所示。

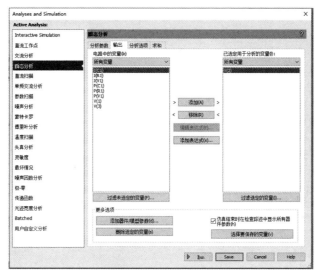

图 3.1.24 "输出"设置

3）单击"Run"按钮，将自动弹出瞬态分析结果界面，如图 3.1.25 所示。

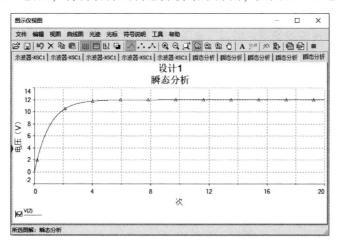

图 3.1.25 RC 电路瞬态分析的结果

2. 用虚拟仪器分析文氏电桥 RC 选频电路

因为 Multisim 14 的虚拟仪器仪表库包括了一般电子实验室常用的测量仪器和一些高性能测量仪器，因此在 Multisim 14 进行电子电路的仿真测试时，可以像在实验室一样选择合适的虚拟仪器进行测量。如图 3.1.26 所示的文氏电桥 RC 选频电路，可以用万用表的交流档测试电路的电压电流值，用双通道示波器测试输入输出波形，还可以用波特仪测试电路的频率特性。

（1）电压电流的测试

文氏电桥 RC 选频电路是一种典型的无源选频电路，具有结构简单、稳定可靠的特点，得到了广泛的应用。

从仪表工具栏中单击选取万用表，建立测试电路如图 3.1.27 所示。双击万用表面板，单击"运行"按钮后得到 *RC* 并联网络（结点 4）上电压的有效值和电路中电流的有效值。

根据万用表的读数可以得到

$$U = 32.068 \text{ V}$$

$$I = 34.327 \text{ mA}$$

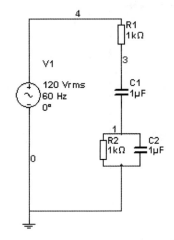

图 3.1.26　文氏电桥 *RC* 选频电路

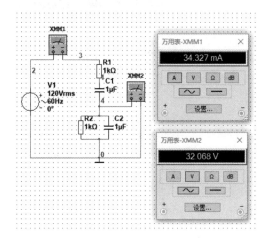

图 3.1.27　文氏电桥 *RC* 选频电路电压电流的测试

（2）输入输出电压波形及电压放大倍数的测试

从仪表工具栏中选取双通道示波器，A 通道用于测试输入电压的波形，B 通道用于测试输出电压的波形。双击示波器面板，单击"仿真"按钮后得到输入输出波形如图 3.1.28 所示。

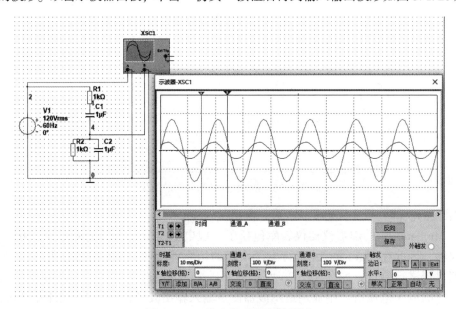

图 3.1.28　输入输出波形的测试

（3）频率特性的测试

选频电路的频率特性可采用交流分析方法。分析步骤如下。

1）选取菜单命令："仿真"→"分析"→"交流分析"，在"频率参数"选项卡中设置起止频率为 1 Hz~1 GHz，其余为默认设置，如图 3.1.29 所示。

2）在"输出"选项卡中选择节点 V（1）作为输出。

3）单击"仿真"按钮进行分析，得到幅频特性和相频特性，如图 3.1.30 所示。

图 3.1.29　"交流分析"的参数设置

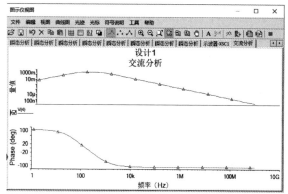

图 3.1.30　文氏电桥 *RC* 选频电路的频率特性

频率特性的分析也可采用虚拟仪器分析。从仪表工具栏中选取波特图仪，将"IN"和"OUT"端子分别接电路的输入和输出信号，即可观测仿真结果。

【思考与练习题】

1. 在 Multisim 14 仿真平台上，用示波器观察信号发生器产生的各种波形。不断改变信号参数，记录示波器的显示状态。

2. 用 Multisim 14 软件仿真二阶电路的过渡过程，用示波器观察二阶响应的波形。

3.2　电路设计方法

综合设计实验一般是给出一个设计任务或实验题目，规定指标和参数，要求自主设计和实现实验方案，并达到任务书所要求的指标和参数。

综合设计实验的目的是站在一个新的、更高的台阶上，审视和考虑问题，通过若干综合型、设计型、应用型实验，开阔思路，锻炼综合、系统地应用已学到的知识，了解电子系统设计的方法、步骤、思路和程序，进一步提高独立解决实际问题的能力。运用已基本掌握的具有不同功能的单元电路的设计、安装和调试方法，在单元电路设计的基础上，设计出具有各种不同用途和一定工程意义的电子电路。深化所学理论知识，培养综合运用能力，增强独立分析与解决问题的能力。训练培养严肃认真的工作作风和科学态度，为以后从事电子电路设计和研制电子产品打下初步基础。

3.2.1　设计型实验的方法与步骤

1. 明确系统的设计任务要求

对系统的设计任务进行具体分析，仔细研究题目，反复阅读任务书，明确设计和实验要求，充分理解题目的要求、每项指标的含义，这是完成综合设计和实验的前提。如果没有搞清题目的要求和出题者的意图，就会浪费许多时间和精力。

2. 总体方案确定

方案选择的重要任务是针对系统提出的任务、要求和条件，查阅资料，广开思路，提出尽量多的方案，仔细分析每个方案的可行性和优缺点，加以比较，从中选取合适的方案。电子系统总体方案的选择，将直接决定电子系统设计的质量。因此，在进行总体方案设计时，要多思考、多分析、多比较。要从性能稳定性、工作可靠性、电路结构、成本、功耗、调试维修等方面，选出最佳方案。在选择过程中，常用框图表示各种方案的基本原理。框图一般不必画得太详细，只要说明基本原理就可以了。

一旦方案选定，就着手构筑总体框图，将系统分解成若干个模块，明确每个模块的大体内容和任务、各模块之间的连接关系以及信号在各模块之间的流向等。总体方案与框图十分重要，可以先构建总体方案与框图，再将总体指标分配给各个模块，指挥与协调各模块的工作，以达到总体项目的完成。完整的总体框图能够清晰地表示系统的工作原理，各单元电路的功能，信号的流向及各单元电路间的关系。

3. 单元电路设计

各模块任务与指标确定后，就可以设计模块中的单元电路了，包括具体电路的形式、电路元、器件的选择、参数的计算等。这一阶段可以充分检验基础理论知识和工程实践能力，例如能否将多门课程的知识综合、灵活地应用，对单元电路的原理和功能是否真正理解透彻，能否将各种单元电路巧妙地组合成一个系统来完成某一任务等。

每个单元电路设计前都需明确本单元电路的任务，详细拟定出单元电路的性能指标。注意各单元电路之间的相互配合和前后级之间的关系，尽量简化电路结构。注意各部分输入信号、输出信号和控制信号的关系。注意前后级单元之间信号的传递方式和匹配，并应使各单元电路的供电电源尽可能地统一，以便使整个电子系统简单可靠。选择单元电路的组成形式，可以模仿成熟、先进的电路，也可以进行创新或改进，但都必须保证性能要求。必要时，还应该参阅一些课外资料，以补充课本知识的不足。

（1）参数计算

在进行电子电路设计时，应根据电路的性能指标要求决定电路元器件的参数。例如根据电压放大倍数的大小，可决定反馈电阻的取值；根据振荡器要求的振荡频率，利用公式可算出决定振荡频率的电阻和电容数值等。但一般满足电路性能指标要求的理论参数值不是唯一的，设计者应根据元器件性能、价格、体积、通用性和货源等方面灵活选择。计算电路参数时应理解电路的工作原理，正确利用计算公式，满足设计要求。注意以下几点。

1）在计算元器件工作电流、电压和功率等参数时，应考虑工作条件最不利的情况，并留有适当的余量。

2）对于元器件的极限参数必须留有足够的余量，一般取 1.5~2 倍的额定值。

3）对于电阻、电容参数的取值，应选计算值附近的标称值。电阻值一般在 1 MΩ 内选择；非电解电容一般在 100 pF~0.47 F 之间选择；电解电容一般在 1~2000 μF 之间选用。

4）在保证电路达到性能指标要求的前提下，尽量减少元器件的品种、价格及体积等。

（2）元器件选择

电路是由若干元器件构成的，对元器件性能的深入了解和应用是保证正确设计和达到设计指标的关键之一。有时候，一个元器件的应用或一个新的元器件的出现，将会使系统变得十分容易实现，所以应尽量地了解元器件，除教材以外，平时多看参考资料，上网去查一查，到电子市场去逛一逛，使自己的头脑中"存储"更多的元器件，需要的时候才会熟能生巧，应用自如。

一般情况下，在元器件选择方面，建议在保证电路性能的前提下，尽量选用常见的、通用性好的、价格相对低廉、手头有的或容易买到的。一切从实际需求出发，将分立元件与集成电路巧妙地结合起来，而且尽量应用集成电路，以使系统简化，体积小，可靠性提高。在确定电子元器件时，应全面考虑电路处理信号的频率范围、环境温度、空间大小、成本高低等诸多因素。

1) 集成电路的选择。一般优先选集成电路。由于集成电路可以实现很多单元电路甚至整机电路的功能，所以选用集成电路设计单元电路和总体电路既方便又灵活，它不仅使系统体积缩小，而且性能可靠，便于调试及安装，可大大简化电子电路的设计。如随着模拟集成技术的不断发展，适用于各种场合下的集成运算放大器不断涌现，只要外加极少量的元器件，利用运算放大器就可构成性能良好的放大器。同样，目前在进行直流稳压电源设计时，已很少采用分立元器件进行设计了，取而代之的是性能更稳定、工作更可靠、成本更低廉的集成稳压器。

选择的集成电路不仅要在功能和特性上实现设计方案，而且要满足功耗、电压、速度、价格等多方面要求。集成电路有模拟集成电路和数字集成电路。器件的型号、功能、特性、引脚可查阅有关手册。集成电路的品种很多，选用方法一般是"先粗后细"，即先根据总体方案考虑应该选用什么功能的集成电路，然后考虑具体性能，最后根据价格等因素选用某种型号的集成电路。

应熟悉集成电路的品种和几种典型产品的型号、性能、价格等，以便在设计时能提出较好的方案，较快地设计出单元电路和总电路。集成电路的常用封装方式有三种：扁平式、直立式和双列直插式，为便于安装、更换、调试和维修，一般情况下，应尽可能选用双列直插式集成电路。

2) 阻容元件的选择。电阻器和电容器是两种最常见的元器件，其种类很多，性能相差很大，应用的场合也不同。因此，对于设计者来说，应熟悉各种电阻器和电容器的主要性能指标和特点，以便根据电路要求，对元件做出正确的选择。设计时要根据电路的要求选择性能和参数合适的阻容元件，并要注意功耗、容量、频率和耐压范围是否满足要求。

3) 分立元器件的选择。分立元器件包括二极管、晶体管、场效应晶体管、光电二极管、光电晶体管、晶闸管等，可根据其用途分别进行选择。

首先要熟悉这些元器件的性能，掌握它们的应用范围；再根据电路的功能要求和元器件在电路中的工作条件，如通过的最大电流、最大反向工作电压、最高工作频率、最大消耗的功率等，确定元器件型号。例如选择晶体管时，首先注意是 NPN 型还是 PNP 型管，是高频管还是低频管，是大功率管还是小功率管，并注意管子的参数 P_{CM}、I_{CM}、$U_{(BR)CEO}$、I_{CBO}、β、f_T 和 f_β 是否满足电路设计指标。

4. 计算机仿真优化

电子系统的方案选择、电路设计以及参数计算和元器件选择基本确定后，方案的选择是否合理，电路设计是否正确，元器件的选择是否经济，这些问题还有待于研究。传统的设计方法只能通过实验来解决以上问题，这样不仅延长了设计时间，而且需要大量元器件，有时设计不当可能要烧坏元器件，因此设计成本高。而利用 EDA 技术，可对设计的电路进行分析、仿真、虚拟实验，不仅提高了设计效率，而且可以通过反复仿真、调试、修改，最终得到一个最佳方案。目前应用较为广泛的电子电路仿真软件有 PSpice 和功能多、应用方便的 Multisim。

在这一阶段，先充分利用 EDA 软件辅助设计单元电路，优化调整电路结构和元器件数值，直到达到指标要求。当各单元电路的理论设计和计算机仿真的结果符合要求时，还要将各单元连接起来仿真，看总体指标是否达到要求，各模块之间配合是否合理正确，信号流向是否顺畅，如果发现有问题，还要回过头来重新审视各部分电路的设计，进一步调整、改进各部分电路的设计和连接关系，这一过程可能要反复多次，直到计算机仿真结果证明电路设计确实正确无误为止。

5. 硬件组装、调试与测量

在优化设计和软件仿真的基础上，就要进行硬件装配、调试和指标的测量了。因为最终目的是要做出能够实现某些功能的电路或设备来，仅仅停留在计算机仿真上是不够的，更何况计算机仿真与硬件实际还有一定的差距，不能完全等同，模拟电路更是如此。只有在计算机仿真的基础上，通过实际电路的装配、调试，实际元器件的应用，实际电子仪器的测试，才能真正锻炼和培养自身的工程实践能力，提高实验技能。

课程设计中硬件电路的组装通常根据实验室的条件和课程要求分为以下几种。

（1）在印制电路板上焊接

采用此种方法应首先将仿真调试好的电路借助计算机软件对印制电路板进行辅助设计。Protel 软件包是绘制印制电路板的最常用软件。然后采用送厂家加工或手工制版的方法完成 PCB 的制作。再根据电路图将元器件安装焊接。首先要求焊接牢靠、无虚焊，其次要注意焊点的大小、形状及表面粗糙度等。焊接前，必须把焊点和焊件表面的污渍与铁锈处理干净，轻的可用酒精擦洗，重的要用刀刮或砂纸磨，直到露出光亮金属后再蘸上焊剂，镀锡，将被焊的金属表面加热到焊锡熔化的温度。PCB 的设计、制作及元器件的焊接技术读者可参考其他书籍。

（2）在面包板或实验箱上接插

在进行电子系统设计或课程设计过程中，为了提高元器件的重复利用率，往往在面包板或实验箱上插接电路。首先根据电路图的各部分功能确定元器件在面包板或实验箱上的位置，并按信号的流向将元器件顺序地连接，以易于调试。插接集成电路时首先应认清方向，不要倒插，所有集成电路的插入方向要保持一致。连接用的导线要求紧贴在面包板或实验箱上，避免接触不良。连线不允许跨接在集成电路上，一般从集成电路周围通过，尽量做到横平竖直，这样便于查线和更换器件。

组装电路时要特别注意，各部分电路之间一定要共地。正确的组装方法和合理的布局，不仅使电路整齐美观，而且能够提高电路工作的可靠性，便于检查和排除故障。

电路的调试一般采用边安装、边调试的方法。把一个总电路按框图上的功能分成若干单元电路，分别进行安装和调试，在完成各单元电路调试的基础上逐步扩大安装和调试的范围，最后完成整机调试。此方法既便于调试，又可及时发现和解决问题。

整个调试过程分层次进行，先单元电路，再模块电路，后系统联调。

电路安装完毕，首先进行通电前检查。直观检查电路各部分接线是否正确，检查电源、地线、信号线、元器件引脚之间有无短路，器件有无接错。检查无误后进行通电检查，接入电路所要求的电源电压，观察电路中各部分元器件有无异常现象。如果出现异常现象，则应立即关断电源，待排除故障后方可重新通电。在调试单元电路时应明确本部分的调试要求，按调试要求测试性能指标和观察波形。调试顺序按信号的流向进行，这样可以把前面调试过的输出信号作为后一级的输入信号，为最后的整机联调创造条件。电路调试包括静态和动态调试，通过调试掌握必要的数据、波形、现象，然后对电路进行分析、判断、排除故障，完成调试要求。

单元电路调试完成后就为整机调试打下了基础。整机调试时应观察各单元电路连接后各级之间的信号关系，主要观察动态结果，检查电路的性能和参数，分析测量的数据和波形是否符合设计要求，对发现的故障和问题及时采取处理措施。

这一阶段，要充分利用电子仪器来观察波形，测量数据，发现问题，解决问题，以达到最终的目标。调试时应注意做好调试记录，准确记录电路各部分的测试数据和波形，以便于分析和运行时参考。

电路调试完毕，要进行系统得指标测试。以系统的设计任务与要求为依据，应用电子仪器进行各项指标测试，观察是否达到要求。详细记录测试条件，测试方法，详细测试数据及波形。

6. 文档整理和撰写实验报告

电子系统设计的实验报告是对学生科学论文和科研总结报告写作能力的训练。通过撰写报告，可以从理论上进一步阐述实验原理，分析实验的正确性、可信度；总结实验的经验和收获，提供有用的资料。实验报告本身是一项创造性的工作，通过实验报告，可以充分反映一个人的思维是否敏捷，概念是否清楚，理论基础是否扎实，工程实践能力是否强劲，分析问题是否深入，学术作风和工作作风是否严谨。所以撰写报告是锻炼综合能力和进行素质培养的重要环节，一定要重视并认真做好。通过写报告，不仅把设计、组装、调试的内容进行全面总结，而且把实践内容上升到理论高度。总结报告应包括以下几点。

1）设计和实验题目名称。

2）内容摘要。

3）设计和实验任务及要求。

4）总体方案论证，总体框图、分解后的各模块的功能及指标。

5）单元电路设计、实现原理、参数计算和元器件选择说明。画出完整的电路图，并说明电路的工作原理。

6）硬件组装调试的内容。包括：

① 使用的主要仪器和仪表。

② 调试电路的方法和技巧。

③ 测试的数据和波形并与计算结果比较分析。

④ 调试中出现的故障、原因及排除方法。

7）测试数据、表格、曲线，以及所用电子仪器的型号，完成的结论性意见。总结设计电路和方案的优缺点，指出课题的核心及实用价值，提出改进意见和展望。

8）列出系统需要的元器件。

9）收获、体会。

3.2.2　设计型实验示例

1. 实验任务书

1）题目：简易函数发生器。

2）设计要求。

① 设计、安装、调试一个能产生正弦波、矩形波、三角波的电路，要求波形的频率在一定范围内可调，输出电压的幅值达到要求的数值。

② 在计算机上用仿真软件进行仿真优化。

③ 搭建电路、调试，测试。

④ 写出设计总结报告。

3）主要技术指标。

① 频率范围：$300 \sim 500\,Hz$，连续可调。

② 输出电压：矩形波 $3\,V \leqslant U_{P-P} \leqslant 6\,V$；三角波 $3\,V \leqslant U_{P-P} \leqslant 6\,V$；正弦波 $1\,V \leqslant U_{P-P} \leqslant 3\,V$。

2. 设计与实验

（1）设计思路与框图

根据设计任务要求和已掌握的知识，该电路的实现可以采用两种方法。

方案一：先用运算放大器构成 RC 桥式正弦波振荡器，适当选择 RC 的参数，使之输出满足要求的正弦波信号，然后利用电压比较器可以方便地将正弦波转换成矩形波，继而将矩形波作为积分电路的输入信号，从积分电路的输出端可得到三角波信号。方案一框图如图 3.2.1 所示。

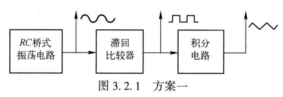

图 3.2.1　方案一

方案二：先由运算放大器组成的滞回比较器或 555 定时器组成的多谐振荡器产生方波信号。而方波信号经积分电路就可以方便地形成三角波或锯齿波信号。可采用由两个运算放大器构成的方波-三角波发生器的典型电路。而正弦波信号的产生可以采用波形变换的方式，利用低通滤波器将三角波信号中的高频分量滤掉，得到正弦波信号。方案二框图如图 3.2.2 所示。

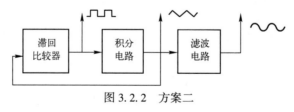

图 3.2.2　方案二

综合考虑实验条件和操作的难易程度，选择方案二。

（2）单元电路设计

1）方波-三角波发生电路设计。

① 电路结构设计。选择典型的方波-三角波发生电路，如图 3.2.3a 所示。

根据电路的工作原理，接通电源，电路即产生振荡，u_{o1} 为矩形波信号，u_{o2} 为三角波信号。波形如图 3.2.3b 所示。

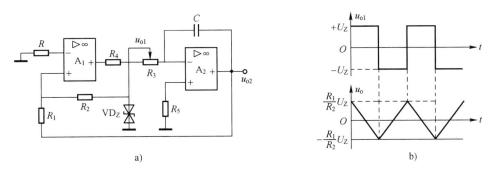

图 3.2.3 矩形波-三角波产生电路

矩形波输出幅度取决于双向稳压管的稳压值 $\pm U_Z$；U_Z 确定后，三角波输出幅度取决于 R_1 与 R_2。

R_1 与 R_2 确定后，矩形波与三角波的频率只由 R_3C 确定；根据要求的振荡频率，确定电容 C 的容量，则可通过调整电位器 R_3 调整输出信号的频率。

② 电路参数选择。运算放大器选通用型集成运放：LM324（四运放，一片即可）。

根据矩形波输出幅度的要求：矩形波 $3\,\mathrm{V} \leqslant U_{\mathrm{P-P}} \leqslant 6\,\mathrm{V}$，选择双向稳压管，稳定电压为 $U_Z = \pm 3.3\,\mathrm{V}$。查手册，型号为 1N4728。

根据三角波输出幅度的要求：三角波 $3\,\mathrm{V} \leqslant U_{\mathrm{P-P}} \leqslant 6\,\mathrm{V}$；$V_{\mathrm{T}} = \pm \dfrac{R_1}{R_2} U_Z$，选择 $R_1 = R_2$。综合考虑电路的工作电流，取 $R_1 = R_2 = 10\,\mathrm{k\Omega}$，$1/8\,\mathrm{W}$。若选 R_1 为 $10\,\mathrm{k\Omega}$ 的电位器，则三角波输出幅度可调。

电路产生的矩形波与三角波的周期和频率为

$$T = \frac{4R_1 R_3 C}{R_2}, \qquad f = \frac{R_2}{4R_1 R_3 C}$$

因为
$$R_1 = R_2, \quad 即 f = \frac{1}{4R_3 C}$$

选择
$$C = 0.01\,\mu\mathrm{F}$$

当 $f = 500\,\mathrm{Hz}$ 时，求得 $R_3 = 50\,\mathrm{k\Omega}$；当 $f = 300\,\mathrm{Hz}$ 时，求得 $R_3 = 83\,\mathrm{k\Omega}$。

选择 $R_3 = 100\,\mathrm{k\Omega}$ 的电位器，则能满足输出信号频率在 $300 \sim 500\,\mathrm{Hz}$ 连续可调。

选择平衡电阻 $R = 5.1\,\mathrm{k\Omega}$；$R_5 = 100\,\mathrm{k\Omega}$。根据双向稳压管的参数 $I_Z = 76\,\mathrm{mA}$，$I_{\mathrm{ZM}} = 276\,\mathrm{mA}$，计算出限流电阻

$$R_4 = \frac{15 - 3.3}{0.076}\,\Omega = 150\,\Omega。$$

2）低通滤波电路设计。

① 电路结构设计。选择典型的一阶低通滤波器，如图 3.2.4 所示。滤掉三角波中三次谐波以上的谐波信号，保留基波，即为与三角波同频率的正弦波信号。

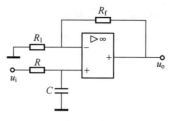

图 3.2.4　一阶低通滤波器

② 电路参数选择。图 3.2.4 所示一阶低通滤波器的截止频率为

$$f_p = \frac{1}{2\pi RC}$$

当基波频率为 300 Hz 时，三次谐波频率为 900 Hz，即

$$f_p = \frac{1}{2\pi RC} \geqslant 900\ \text{Hz}$$

考虑到信号的最高频率为 500 Hz，适当降低截止频率至 800 Hz。取 $C = 10\ \mu\text{F}$，则

$$R = \frac{1}{2\pi C f_p} = \frac{1}{2\pi \times 10^{-8} \times 800}\ \text{k}\Omega \approx 20\ \text{k}\Omega$$

（3）计算机仿真优化

将设计的各部分电路利用 Multisim 进行仿真，优化调整电路结构和元器件数值，直到达到指标要求。经仿真调整，该设计各部分电路均能达到设计要求。仿真优化后的完整电路如图 3.2.5 所示。仿真结果如图 3.2.6 所示。

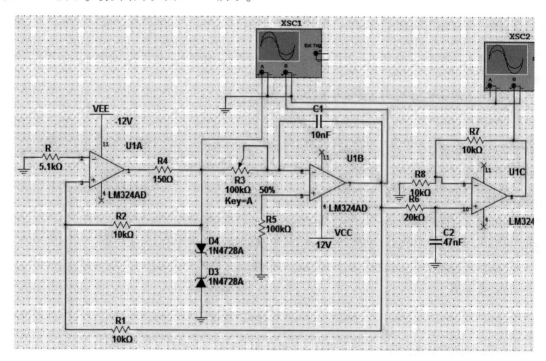

图 3.2.5　正弦波、矩形波、三角波发生电路

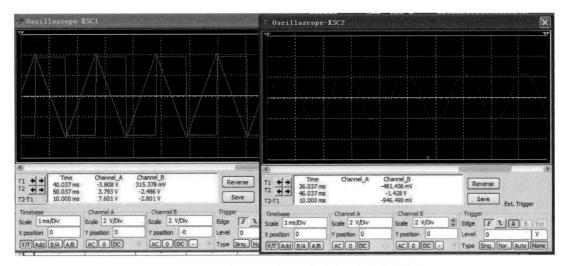

图 3.2.6　正弦波、矩形波、三角波发生电路仿真波形

（4）安装调试

按照仿真已达到指标的电路图，先将单元电路分别安装调试完毕，然后将两部分连接起来进行系统调试，测量结果。最后写出完整的报告。

第四章 实 验 任 务

4.1 直流电阻及元件伏安特性的测量

一、实验目的

1. 掌握直流稳压电源的使用方法。

2. 掌握万用表的使用方法。

3. 学习直流电阻的测量方法。

4. 掌握电路元件伏安特性的测量。

5. 理解电路中等效变换的概念。

二、实验任务

（一）基本实验任务

1. 学习直流稳压电源的使用，练习用直流稳压电源产生各种不同的直流电压信号，并用万用表测量电压值。

2. 研究电路中电压、电流参考方向和实际方向的关系。

3. 学习直流电阻的测量方法

4. 选择合适的实验方案、器件参数、仪器仪表，采取正确的实验方法、设计合理的数据表格，测量线性电阻的伏安特性。

5. 选择合适的实验方案、器件参数、仪器仪表，采取正确的实验方法、设计合理的数据表格，测量实际电压源的伏安特性。

6. 测试线性无源二端网络在端口处的伏安特性，根据测试数据分析其最简等效电路的结构和参数。

（二）扩展实验任务

选择合适的实验方案、器件参数、仪器仪表，采取正确的实验方法，设计合理的数据表格，测量非线性元件的伏安特性。

三、基本实验条件

（一）仪器仪表

1. 双路直流稳压电源   1 台

2. 万用表   1 台

3. 电流表   1 台

（二）器材器件

1. 线性电阻   若干

2. 电流插孔   3 个

3. 二极管   1 个

4. 白炽灯   1 个

四、实验原理

（一）基本实验任务

1. 直流电阻的测量

电阻是组成电路的重要无源元件之一，在实际工作中，经常遇到直流电阻的测量问题。通常的做法是根据被测电阻的大小、精度要求而采用不同的测量线路、不同的测量方法来提高测量结果的可靠性和精度。

低于 $10\,\Omega$ 的电阻常称为低值电阻，高于 $1\,M\Omega$ 的电阻常称为高值电阻，大于 $10\,\Omega$ 而小于 $1\,M\Omega$ 的电阻称为中值电阻。在电路实验中通常用到的电阻大部分是中值电阻。

中值电阻可用伏安表法或者欧姆表直读法测量其阻值。

（1）直读法：用万用表的欧姆档，根据被测电阻的大约数值，选择合适的量程，把被测电阻接在表笔两端，即可在表上读出被测电阻的阻值，测量时被测电阻不能带电。

（2）伏安表法：这种方法是利用电压表测出被测电阻两端的电压 U，用电流表测出流过被测电阻的电流 I，根据欧姆定律计算被测电阻的电阻为

$$R = \frac{U}{I}$$

2. 元件伏安特性的测量

对于独立无源元件来说，可以在被测元件上施加不同极性和幅值的电压，测量出流过该元件的电流，或在被测元件中通入不同方向或幅值的电流，测量该元件两端的电压，这样都可以得到被测元件的伏安特性。

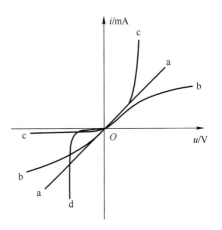

图 4.1.1 部分二端元件的伏安特性

1）线性电阻的伏安特性曲线是一条通过坐标原点的直线，如图 4.1.1 中的曲线 a 所示，该直线的斜率等于该电阻器的电导值（电阻值的倒数）。

2）任意的线性无源二端网络，对外而言，都可以等效为一个电阻元件，因此测量线性无源二端网络在端口处的伏安特性，其特性曲线为线性电阻的伏安特性曲线。

3. 直流电压源

理想的直流电压源输出固定幅值的电压，而它的输出电流大小取决于它所连接的外电路。因此它的外特性曲线是平行于电流轴的直线，如图 4.1.2a 中实线所示。实际电压源的外特性曲线如图 4.1.2a 虚线所示，在线性工作区它可以用一个理想电压源 U_S 和内电阻 R_S 相串联的电路模型来表示，如图 4.1.2b 所示。图 4.1.2a 中 θ 角越大，说明实际电压源内阻 R_S 值越大。实际电压源的电压 U 和电流 I 的关系式为

$$U = U_S - R_S \cdot I$$

测量方法：将理想电压源与一可调负载电阻串联，改变负载电阻 R_S 的阻值，测量出相应的电压源电流和端电压，便可以得到被测电压源的伏安特性。

（二）扩展实验任务

1. 一般的白炽灯在工作时灯丝处于高温状态，其灯丝电阻随着温度的升高而增大。通

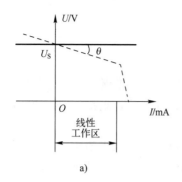
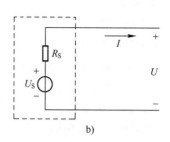

图 4.1.2 电压源特性

过白炽灯的电流越大，其温度越高，阻值也越大。一般白炽灯灯丝的"冷电阻"与"热电阻"的阻值可相差几倍至几十倍，其伏安特性如图 4.1.1 中的曲线 b 所示。

2. 一般的半导体二极管是一个非线性元件，其伏安特性如图 4.1.1 中的曲线 c 所示。二极管的正向电压较小（一般锗管约为 0.2~0.3 V，硅管约为 0.6~0.7 V），正向电流随着正向电压的升高而上升；而反向电压增加时，其反向电流增加很小，粗略地可视为零。所以，二极管具有单向导电性。但其反向电压不能加得过高，否则超过管子的极限值时，会使管子击穿而损坏，其击穿后的反向特性曲线如图 4.1.1 中的曲线 d 所示。

五、实验预习要求

（一）基本实验任务

1. 定性画出线性电阻的伏安特性曲线。

2. 预习稳压电源、电压表、电流表的使用方法及注意事项。

3. 直流稳压电源的输出端为什么不允许短路？

4. 理解电路中等效的概念，我们通常所说的等效是指 ＿＿＿＿＿＿＿＿ 。

（二）扩展实验任务

1. 了解半导体二极管伏安特性的有关知识，定性画出二极管的伏安特性曲线。

2. 如何用万用表的电阻档测量二极管的极性，以及判断其好坏？

3. 如何用万用表的电阻档判断导线或某一部分电路是否断开？

六、实验指导

（一）基本实验内容及步骤

1. 直流稳压电源和万用表的使用练习

（1）将直流稳压电源置于独立工作模式，调节输出使两路电源分别输出 +6 V、+12 V，用万用表直流电压档测量输出电压，将测量数值填入表 4.1.1。

（2）将直流稳压电源置于跟踪工作模式，调节输出使电源输出±15V，用万用表直流电压档测量输出电压，将测量数值填入表4.1.1。

表4.1.1 万用表测量直流稳压电源的输出电压

稳压电源输出电压/V	+6	+12	+15	−15
万用表测量值/V				

2. 直流电阻的测量

（1）直读法：选择一个阻值为6.3 kΩ的电阻，用万用表的欧姆档直接测量电阻值，将测量数据填入表4.1.2中。

（2）伏安表法：按照图4.1.3连接电路，调节稳压电源 U 输出为 10 V，用万用表测量电阻上的电压和电流，将测量数据填写在表4.1.2中，根据测试数据计算其电阻值。

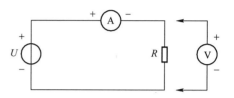

图4.1.3　直流电阻的测试电路

表4.1.2 直流电阻的测量

测试方法	U/V	I/mA	R/Ω
伏安表法			
直读法	无	无	

3. 测定线性电阻的伏安特性

（1）选择合适的电阻（建议：$R_1 = 510\ \Omega/2\ W$、$R_2 = 1\ k\Omega/2\ W$、$R_3 = 100\ \Omega/2\ W$），按图4.1.4接好线路。

（2）由小到大改变电源电压值，记下相应的电压表和电流表的读数。将测试结果填入表4.1.3中。

表4.1.3 电阻上电压、电流的测量

R_1	电压/V					
	电流/mA					
R_2	电压/V					
	电流/mA					

（3）根据表4.1.3所测数据在图4.1.5中用描点法画出 R_1 和 R_2 伏安特性曲线。

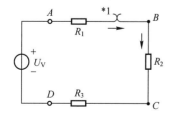

图4.1.4　测量伏安特性电路

图4.1.5　线性电阻的伏安特性曲线

4. 测定线性无源二端网络的伏安特性

（1）连接电路：按图 4.1.6 接好线路（建议：$R_1 = 1\,\text{k}\Omega$，$R_2 = 510\,\Omega$，$R_3 = 2\,\text{k}\Omega$），调节稳压电源的输出 U，从 0 V 开始缓慢增加，一直到 10 V，记下相应的电压表和电流表的读数。将测试结果填入表 4.1.4 中。

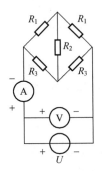

图 4.1.6　无源二端网络

（2）测试数据分析：分析表 4.1.4 中的数据，根据测试数据画出无源二端网络端口处的伏安特性曲线，根据伏安关系的特点，画出图 4.1.6 所示无源二端网络的最简等效电路，并求出等效电路的参数。

表 4.1.4　线性无源二端网络的测试数据

项目	U/V	1	2	4	6	8	10
端口电流	I/mA						

由测试数据可知，图 4.1.4 所示的无源二端网络的最简等效电路为 ＿＿＿＿＿＿ ；电路参数为 ＿＿＿＿＿＿ 。

将平衡电桥 R_4 改为 $100\,\Omega/2\,\text{W}$，变为非平衡电桥，重复刚才的步骤，将测试结果填写在表 4.1.5 中，并根据测试数据画出无源二端网络端口处的伏安特性曲线，根据伏安关系画出此无源二端网络的最简等效电路，并求出等效电路的参数。

表 4.1.5　线性无源二端网络的测试数据

项　　目	U/V	1	2	4	6	8	10
端口电流	I/mA						
支路电流	I_1mA						

由测试数据可知，二端网络的最简等效电路为 ＿＿＿＿＿ ；电路参数为 ＿＿＿＿＿ 。

（二）扩展实验内容及步骤

1. 测定非线性白炽灯的伏安特性

如图 4.1.7 中的 R_L 为一只白炽灯（建议：$12\,\text{V}/3\,\text{W}$），调节稳压电源的输出 U，从 0 V 开始缓慢增加，一直到 10 V，记下相应的电压表和电流表的读数。将测试结果填入表 4.1.6 中，在图 4.1.8 中用描点法画出其伏安特性曲线。

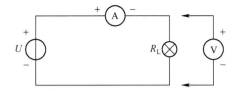

图 4.1.7 白炽灯伏安特性测试电路   图 4.1.8 白炽灯的伏安特性曲线

表 4.1.6 白炽灯实验数据记录

项目	U/V	1	2	4	6	8	10
白炽灯	I/mA						

2. 测定半导体二极管的伏安特性

按图 4.1.9 接好线路，其中 R（建议：$R = 1\,\text{k}\Omega / 0.5\,\text{W}$）为限流电阻。先测定二极管 VD 的正向特性，其正向电流不得超过 25 mA，正向电压可在 0~0.75 V 之间取值。特别在 0.5~0.75 V 之间应多取几个测量点。再将二极管 VD 反接，再测定其反向特性。反向电压可加到 15 V 左右。将测试结果填入表 4.1.7 中，在图 4.1.10 中用描点法画出其伏安特性曲线。

表 4.1.7 二极管实验数据记录

二极管	正向	U/V	0							0.75
		I/mA								
	反向	U/V	0							−15
		I/mA								

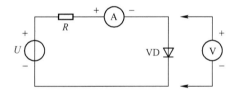

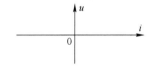

图 4.1.9 半导体二极管伏安特性测试电路   图 4.1.10 二极管的伏安特性曲线

七、实验注意事项

1. 仔细阅读实验中所用的仪器仪表的使用说明，注意量程和功能的选择，并注意电压源使用时输出端切勿短路。

2. 测量二极管的正向特性时，稳压电源输出应由小到大逐步增加，时刻注意电流表读数不能超过所选二极管的最大电流。测量二极管的反向特性时，所加反向电压不能超过所选二极管的最大反向工作电压。

3. 在测量不同的电量时，应首先估算电压和电流值，以选择合适的仪表量程，且应注意仪表的极性不能接错。

八、实验报告要求

1. 根据各实验结果，分别在方格纸上绘出各元件的伏安特性曲线。

2. 根据实验结果，总结、归纳各被测的无源器件的伏安特性。

3. 进行必要的误差分析。

4. 总结本次实验情况，写出此次实验的心得体会。包括实验中遇到的问题的处理方法和结果。

4.2 函数信号发生器及示波器使用练习及典型电信号的测量

一、实验目的

1. 学习数字合成函数信号发生器的使用方法。

2. 学习数字示波器的使用方法。

3. 学习几种典型电信号的测量。

二、实验任务

（一）基本实验任务

1. 学习函数信号发生器的使用，练习用函数发生器产生各种不同的信号。

2. 学习示波器的基本使用方法，练习使用示波器测量校准信号。

3. 利用示波器产生常用交流信号，并用示波器进行测量。

（二）扩展实验任务

自行设计实验方案，测量正弦波信号的相位差。

三、基本实验条件

（一）仪器仪表

1. 双路直流稳压电源　　　　　　　　　1 台

2. 万用表　　　　　　　　　　　　　　1 台

3. 函数信号发生器　　　　　　　　　　1 台

4. 双通道示波器　　　　　　　　　　　1 台

（二）器材器件

1. 线性电阻　　　　　　　　　　　　　若干

2. 导线　　　　　　　　　　　　　　　若干

四、实验原理

（一）基本实验任务

1. 典型电信号

在电路中，应用最广泛的典型电激励信号主要有：正弦波信号、矩形波脉冲信号和方波信号三种。

正弦波信号如图 4.2.1 所示。其主要参数是幅值 U_m、周期 T（或频率 f）和初相 Ψ；矩形波脉冲信号如图 4.2.2 所示，其主要参数的波形参数是幅值 U_m、脉冲重复周期 T 和脉冲宽度 T_W；方波信号波形如图 4.2.3 所示，其主要参数的波形参数是幅值 U_m、脉冲重复周期 T 和脉冲宽度 T_W。在实际应用中，除了用信号幅值表示其大小外，通常还用峰-峰值 V_{P-P} 表示一个典型电信号的大小。如图 4.2.1 所示，V_{P-P} 表示信号从

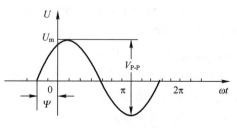

图 4.2.1　正弦波信号

正的最大值到负最大值的大小。

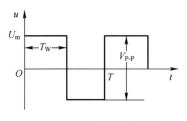

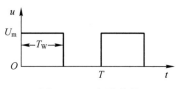

图 4.2.2 矩形波脉冲信号　　　　　图 4.2.3 方波信号

实验时所用的典型电信号都可以由函数信号发生器提供。典型电信号的波形和参数则可使用示波器观察和测量。当正弦交流信号的频率很高时，普通的交流电压表往往不能测出准确的有效值，交流毫伏表可测量频带为几 Hz～几 GHz、电压值范围为几 μV～几 kV 的交流电压信号。可以直接读出正弦交流信号的有效值。

2. 函数发生器

函数信号发生器实际上是一种多波形信号源，能产生正弦波、矩形波、三角波、锯齿波以及各种脉冲信号等波形，输出电压的大小和频率都能方便地进行调节。由于其输出波形均可以用数学函数描述，因而称为函数发生器。

3. 示波器

示波器是一种综合性的电信号测试仪器。其主要特点是：不仅能显示电信号的波形，而且还可以测量电信号的幅度、周期、频率和相位等，测量灵敏度高，过载能力强，输入阻抗高。示波器种类很多，实验室中常用双踪通用示波器。双踪示波器可以通过两个通道同时输入两个信号进行测量比较。

（二）扩展实验任务

1. 研究函数发生器内部所存波形。

2. 利用示波器观察负锯齿波，写出操作步骤，用示波器观察波形并画图。

五、实验预习要求

（一）基本实验任务

1. 认真阅读所用仪器的使用说明，详细了解函数发生器和示波器面板上旋钮的功能和使用方法（请参照附录）。

2. 示波器 Y 轴输入耦合转换按钮置"DC"是_____耦合，置"AC"是_____耦合，若要观察带有直流分量的交流信号，开关应置于_____档；仅观察交流时，开关应置于_____档。

3. 将"校准信号"的方波输入示波器，信号的频率是 1 kHz，峰-峰值为 2 V，从示波器上观察到的幅值在 Y 轴上占 4 格，一个周期在 X 轴上占 5 格，则 Y 轴灵敏度选择开关应置于_____的位置，X 轴时基旋钮置于_____的位置。

（二）扩展实验任务

研究波形不稳定的主要原因。

六、实验指导

（一）基本实验内容及步骤

示波器、函数发生器的使用练习。

（1）示波器的检查与校准。

熟悉示波器面板上各旋钮的名称及功能，掌握正确使用时各旋钮应处的位置。

接通电源，检查示波器的各旋钮的作用是否正常。

将示波器内部的校正信号送入 Y 轴输入端（CH_1 或 CH_2），调节有关旋钮，使屏幕上显示出稳定波形。记录稳定的波形及刻度（画图）。

（2）用示波器观察和测量交流信号。

1）设置函数信号发生器输出频率为 2 kHz，峰-峰值为 2 V 的正弦波，用示波器测量信号发生器输出电压的峰-峰值。调节 Y 轴灵敏度选择开关"V/DIV"，使屏幕上显示的波形幅度适中，则屏幕左下方指示的标称值乘上被测信号在 Y 轴方向所占格数就是被测信号的峰-峰值（为保证测量精度，在屏幕上应显示足够高的波形）。

2）计算出信号发生器输出电压的有效值。

3）用示波器测量交流电压的周期（频率）。

对于周期性的被测信号，只要测定一个完整周期 T，则频率 $f = \dfrac{1}{T}$。

调节水平扫描时间旋钮，使显示波形的周期尽可能大，读取波形一个周期所占格数及扫描速度 t/DIV，则被测信号的周期为

$$T = 所占格数 \cdot (t/DIV)$$

$$f = \frac{1}{T}$$

将结果填入表 4.2.1 中。

表 4.2.1　示波器测试交流信号

观察波形（正弦波）			2 kHz, 2 V（峰-峰值）
示波器	U_{pp}	VOLTS/DIV	
		格数	
	周期	TIME/DIV	
		格数	
	将峰-峰值换算为有效值		
	交流毫伏表测量值		

（3）用示波器的游标测量方法测量交流信号，填写表 4.2.2 并画波形图。

表 4.2.2　示波器的游标测试数据

观察波形（正弦波）0.2 ms，1 V（有效值）	利用标尺测量（Cursor）	示波器直接读数（Measure）
信号周期		
频率		
信号幅度（峰-峰值）		
信号幅度有效值（计算）		

（4）用示波器测量直流电压。

1）将耦合方式置为直流耦合。

2）接入被测直流电压信号（直流 5.5 V），调节 Y 轴灵敏度旋钮，使扫描线处于适当高度位置。

3）读取扫描线在 Y 轴方向偏移零电平参考基准线的格数，则被测直流电压 V_X 为

$$V_X = 偏移格数 \cdot (V/DIV)$$

（5）观察频率为 1.2 kHz、幅值为 0~3.5 V、占空比（脉宽）为 30% 的脉冲波信号，填写表 4.2.3，记录观察到的波形及其刻度。另用坐标纸画图。

表 4.2.3　示波器测试脉冲信号

观察波形（脉冲信号） 1.2 kHz，0~3.5 V	利用标尺测量 （Cursor）	示波器直接读数 （Measure）
信号周期		
最大值		
最小值		
占空比		

（二）扩展实验内容及步骤

自行设计电路，产生具有一定相位差的两个波形，用示波器观察读数并画图。

七、实验注意事项

1. 使用仪器前，必须先阅读各仪器的使用说明，严格遵守操作规程。

2. 拨动面板各旋钮时，用力要适当，不可过猛，以免造成机械损坏。

3. 使用仪器进行测量时，需要注意测试仪器共地。

4. 实验结束后，请将所有仪器的电源关闭，注意将实验台清理整齐、干净。

八、实验报告要求

1. 按实验报告要求逐条书写，整理实验数据，填入自拟的表格中。

2. 完成思考题。

九、思考题

使用示波器观察信号时，分析出现下列情况的主要原因，应如何调节？

1）波形不稳定。

2）示波器屏幕上可视波形的周期数太多。

3）示波器屏幕上所视波形的幅度过小。

4）看不到信号的直流量。

4.3　基尔霍夫定律与电位的测定

一、实验目的

1. 通过实验加深理解基尔霍夫定律的定义。

2. 验证基尔霍夫定律。

3. 熟练掌握电压、电流的测量方法。

4. 学习电位的测量方法，用实验证明电位的相对性、电压的绝对性。

二、实验任务

1. 熟练掌握直流电路中电压、电流的测量方法。

2. 选择合适的实验电路、器件参数、仪器仪表，采取正确的实验方法，验证基尔霍夫电流、电压定律。

3. 选择合适的实验电路、器件参数、仪器仪表，采取正确的实验方法测量电路中各点的电位。

三、基本实验条件

（一）仪器仪表

1. 双路直流稳压电源	1 台
2. 直流电流表	1 台
3. 直流电压表	1 台

（2、3 可用万用表替代。）

（二）器材器件

1. 定值电阻	若干
2. 电流插孔	3 只

四、实验原理

1. 基尔霍夫定律

基尔霍夫定律是电路的基本定律。它包括基尔霍夫电流定律（KCL）和基尔霍夫电压定律（KVL）。对电路中的任一节点，各支路电流的代数和等于零，即 $\sum I = 0$，这是基尔霍夫电流定律，它阐述了电路任一节点上各支路电流间的约束关系，且这种约束关系与各支路元件的性质无关。对任何一个闭合电路，沿闭合回路的电压降的代数和为零，即 $\sum U = 0$，这是基尔霍夫电压定律，它阐述了任一闭合电路中各电压间的约束关系，这种关系仅与电路结构有关，而与构成电路的元件性质无关。

运用基尔霍夫定律时要先确定电流和电压的参考方向，当它们的实际方向与参考方向相同时，结果为正值，相反时，结果为负值。

2. 电位的概念

电路中某点的电位就是该点与参考点之间的电压。所以电路中各点的电位值随所选的电位参考点的不同而变化，但任意两点间的电位差即电压不因参考点的改变而变化。

特别需要注意在实验中要测量某点的电位时，首先要选择参考点。

3. 电压、电流的测量方法

（1）电压的测量。

电压测量是电路测量的一个重要内容，在集总参数电路里，表征电信号能量的 3 个基本参数是：电压、电流和功率。但是，从测量的观点来看，测量的主要参量是电压，因为在标准电阻的两端若测出电压值，那么就可通过计算求得电流或功率。

将电压表并联于被测电路两端，直接由电压表的读数决定测量结果的测量方法称为电压表的直接测量法。这种方法简便直观，是电压（电位）测量的基本方法。

（2）电流的测量。

测量直流电流通常都采用磁电系电流表。由于测量时，电流表是串接在被测电路中的，为了减小对被测电路工作状态的影响，要求电流表的内阻越小越好，否则将产生较大的测量误差。

需要注意的是，在测电流时，为安全方便起见，大部分实验室都采用电流插孔盒和电流表插头。

五、实验预习要求

1. 设图 4.3.1 所示电路的参数如下：$U_{S1} = 16\,V$，$U_{S2} = 8\,V$，$R_1 = 470\,\Omega/2\,W$，$R_2 = 200\,\Omega/2\,W$，$R_3 = 300\,\Omega/2\,W$，$R_4 = 100\,\Omega/2\,W$，$R_5 = 100\,\Omega/2\,W$。计算各支路电流和各元件上的电压，填入表 4.3.1 中的计算值栏。

2. 计算图 4.3.1 所示电路中的电位值，填入表 4.3.2 中的计算值栏。

3. 预习电路的基本测试方法。回答下列问题。

（1）电流表应_____在电路中。在该实验中，如何实现电流表的串联？_____

_____。

（2）若电流表读数为"−"（或指针反偏），应如何处理？

_____。

（3）电压表应_____在电路中。

（4）测量图 4.3.1 电路中 A 点到 F 点的电压 U_{AF} 时，电压表量程应选_____V；测量电路的短路电流 I_3 时，电流表量程应选_____A。电压表量程有：$1\,V$，$10\,V$，$20\,V$，$50\,V$，$100\,V$，$220\,V$；电流表量程有：$1\,A$，$0.5\,A$，$100\,mA$，$50\,A$。

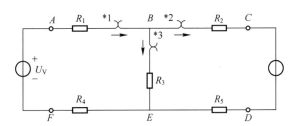

图 4.3.1　基尔霍夫定律实验电路

六、实验指导

按图 4.3.1 接好线路。接入电源 U_{S1}、U_{S2}（建议参数同上）。

注：打开直流稳压源，将直流稳压电源的输出设置为独立输出（即中间两个按键全部弹起），再将直流稳压电源两路输出的限流旋钮调至合适，分别调节两路直流电源输出（CH1、CH2）至所需值，最后将两路输出即 U_{S1} 和 U_{S2} 接入电路中。

1. 验证基尔霍夫电流定律（KCL）

图中 ^{*1}、^{*2}、^{*3} 分别为三条支路电流测量插口。测量某支路电流时，将电流表所接插头插入该支路插口上，即将电流表串入该支路中，拔出插口时，插口中的弹片使连接于插口的两导线短接。实验前先任意设定三条支路电流的参考方向，用电流表测量各支路电流。若测量时指针正向偏转，则为正值；若反向偏转，则调换表笔正负极，重新读数，其值取负。将测量结果填入表 4.3.1，并与表中计算数据比较。

在本实验中，也可使用万用表电流档直接测量各支路电流（注意电流表连接方法）。或者使用万用表测量各支路电压及电阻，计算出支路电流，再进行验证。

2. 验证基尔霍夫电压定律（KVL）

取图 4.3.1 所示电路中两个回路：$ABEFA$、$BCDEB$，用直流电压表依次测量两回路中电源和电阻元件两端的电压值。测量前先选定回路的绕行方向，注意电压表的读数正、负值。将测量结果填入表 4.3.1，并与表中计算数据比较。

表 4.3.1　验证基尔霍夫定律数据记录及计算

项　目	I_1	I_2	I_3	$\sum I$	U_{AB}	U_{BE}	U_{EF}	U_{FA}	$\sum U$	U_{BC}	U_{CD}	U_{DE}	U_{EB}	$\sum U$
	/mA				/V									
测量值														
计算值														
相对误差%				无					无					无

3. 电位、电压的测量

在图 4.3.1 所示电路中，分别以图中 E 点、B 点为参考点，测量电路中 A、B、C、D、E、F 各点电位及两点之间的电压值 U_{AB}、U_{BC}。测量电位时，应将电压表的负表笔接在参考点，正表笔分别接在各被测点。若电压表的读数为正，则电位为正值；若电压表的读数为负，则电位为负。将测量结果填入表 4.3.2，并与表中理论值数据比较。

表 4.3.2　电位、电压测量数据记录及计算

项　目		V_A/V	V_B/V	V_C/V	V_D/V	V_E/V	V_F/V	U_{AB}/V	U_{BC}/V
参考点 E	理论值								
	测量值								
	相对误差/（%）					无			
参考点 B	理论值								
	测量值								
	相对误差/（%）		无						

七、实验注意事项

1. 测量各支路电流时，应注意选定的参考方向及电流表的极性（电流插口盒的极性），正确记录测量结果的"+""−"。

2. 在测量不同的电量时，应根据预习中计算的电压和电流值，选择合适的仪表量程。

3. 电路改接时，一定要关闭电源。

八、实验报告要求

1. 简述实验方案和步骤。

2. 记录原始实验数据和理论计算数据，完成数据表格中的计算。

3. 依据实验结果，进行分析比较，验证基尔霍夫定律的正确性。

4. 依据实验结果，分析电压和电位的关系。

5. 分析产生误差的原因。

6. 总结本次实验情况，写出此次实验的心得体会，包括实验中遇到的问题的处理方法和结果。

4.4 叠加原理与戴维南定理的研究

一、实验目的

1. 加深理解叠加原理和戴维南定理。
2. 掌握应用叠加原理和戴维南定理分析电路的方法及使用条件。
3. 掌握有源二端网络等效参数的测量方法。
4. 掌握等效电路的应用。
5. 理解电路的有载、开路和短路的状态，掌握在各状态下测试各物理量的方法及特点。
6. 理解阻抗匹配的概念，掌握负载获得最大功率的条件。

二、实验任务

（一）基本实验任务

1. 选择合适的实验电路、器件参数、仪器仪表，采取正确的实验方法，设计合理的数据表格验证叠加原理。
2. 选择合适的实验电路、器件参数、仪器仪表，采取正确的实验方法，设计合理的数据表格验证戴维南定理。

（二）扩展实验任务

选择合适的实验电路、器件参数、仪器仪表，采取正确的实验方法，设计合理的数据表格验证最大功率传输定理，并测量电路的最大输出功率。

三、基本实验条件

（一）仪器仪表

1. 双路直流稳压电源　　　　　　　　　1台
2. 直流电流表　　　　　　　　　　　　1台
3. 直流电压表　　　　　　　　　　　　1台

（2、3 可用万用表替代。）

（二）器材器件

1. 定值电阻　　　　　　　　　　　　　若干
2. 电流插孔　　　　　　　　　　　　　3只
3. 双刀双掷开关　　　　　　　　　　　2只
4. 电阻箱　　　　　　　　　　　　　　1只

四、实验原理

（一）基本实验任务

1. 叠加原理指出，在线性电路中，有多个电源同时作用时，任一支路的电流或电压都是电路中每个独立电源单独作用时在该支路中所产生的电流或电压的代数和。

如图 4.4.1 所示，电压源 U_{S1} 和 U_{S2} 共同作用于该电路。根据叠加原理，两电源同时作用

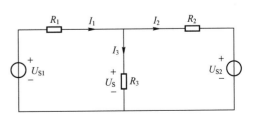

图 4.4.1　叠加原理实验电路

时电路中的电压 U_1、U_2、U_3 和电流 I_1、I_2、I_3 是：U_{S1} 单独作用于该电路时（U_{S2} 短路置零）的结果 U_1'、U_2'、U_3'、I_1'、I_2'、I_3' 和 U_{S2} 单独作用于该电路时（U_{S1} 短路置零）的结果 U_1''、U_2''、U_3''、I_1''、I_2''、I_3'' 的叠加，即

$$U_1 = U_1' + U_1'', \quad U_2 = U_2' + U_2'', \quad U_3 = U_3' + U_3''$$
$$I_1 = I_1' + I_1'', \quad I_2 = I_2' + I_2'', \quad I_3 = I_3' + I_3''$$

2. 戴维南定理指出：任何一个线性有源二端网络，总可以用一个理想电压源和一个等效电阻串联来代替，如图 4.4.2 所示。在图 4.4.2b 所示的戴维南等效电路中，其理想电压源的电压 E 等于图 4.4.2a 所示电路中将负载电阻 R_L 开路时，虚线框内所示有源二端网络的开路电压 U_0，等效内阻 R_0 等于该网络中所有独立源置零时的等效电阻。由戴维南定理可知，图 4.4.2a 中有源二端网络作用于负载电阻时的结果与图 4.4.2b 中等效电压源作用在负载电阻上的结果相同，即 $I_L = I_L'$。

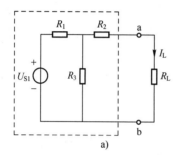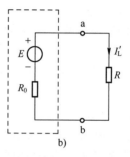

图 4.4.2　戴维南定理实验电路

在验证戴维南定理的实验中，首先要测试有源二端网络的开路电压及等效电阻，其测试方法介绍如下。

（1）开路电压的测试方法

1）直接测量法：一般情况下，把外电路（即负载电阻 R_L）断开，选电压表接至开路点 a、b 两端，测试其两端电压值，即为开路电压 U_0。若电压表内阻远大于被测网络的等效电阻，其测量结果相当精确。通常采用此种方法测量。

若电压表内阻较小，则误差很大，必须采用补偿法。

2）补偿法：如图 4.4.3 所示，外加 U_S 和 R 构成补偿电路，调节 R 的值，使检测计 G 指示为零，此时电压表指示的电压值即为开路电压 U_{OC}。

（2）等效电阻 R_0（内阻）的测试方法

1）用欧姆表测：先将有源二端网络中所有独立电源置零，即将理想电压源短路，将理想电流源开路，然后用欧姆表直接测量该无源二端网络的电阻值。该方法对电源与其内阻不能分开（如干电池）的电路和含受控源的电路不适用。

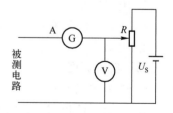

图 4.4.3　补偿法测开路电压

2）用开路短路法测：测试有源二端网络的开路电压 U_{OC} 及短路电流 I_S，如图 4.4.4 所示。按 $R_0 = \dfrac{U_{OC}}{I_S}$ 计算出等效电阻。此法适用于网络两端可以被短路的情况。（建议该实验用

此方法测 R_0）。

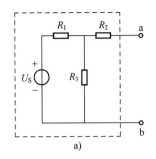 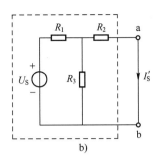

图 4.4.4　开路短路法测量等效内阻

3）外加电压法：在无源二端网络的两个端点间施加外加电压 U_0，测其端电流 I，按 $R_0 = U_0/I$ 计算，用这种方法时，应先将有源二端网络的电源除去，若不能除去电源，或者网络不允许外加电源，则不能用此法。

4）伏安法：在网络端口不允许短路时，则不能采用开路短路法。可以在开路端口接上一个已知的电阻 R，然后测量开路电压 U_{OC} 及有载电压 U_L，按 $R_0 = \left(\dfrac{U_{OC}}{U_L} - 1\right)R$ 计算，若 R 采用一个精密电阻，则此法精度也较高。这种方法适用面广，例如用于测量放大器的输出电阻。

在测得了有源二端网络的开路电压和等效内阻后，不要忘记测量图 4.4.2a 中的负载电流 I_L，以备验证戴维南定理的正确性。

将稳压电源的输出电压调至图 4.4.4 测到的有源二端网络的开路电压 U_0，将电阻箱调至测到的等效内阻 R_0，同负载电阻一起接成图 4.4.2b 所示的戴维南等效电路，测量该电路的负载电流 I'_L，与在图 4.4.2a 中测到的负载电流 I_L 相比较，以验证戴维南定理的正确性。

（二）扩展实验任务

1. 最大功率传输条件

在电子电路中，常常希望负载获得的功率最大。如何选择负载电阻，使其获得最大功率，就成为研究最大功率传输的主要问题。因为任何有源二端线性网络，都可以等效为一个理想电压源与内阻串联的戴维南等效电路，如图 4.4.5 所示。负载上获得的功率为

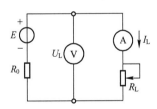

图 4.4.5　最大功率传输条件的
验证电路

$$P_L = \left(\frac{E}{R_0 + R_L}\right)^2 R_L$$

根据 $\dfrac{\mathrm{d}P_L}{\mathrm{d}R_L} = 0$，可得最大功率的传输条件为

$$R_L = R_0$$

当满足最大功率传输条件时，负载获得的最大功率为

$$P_{L_{max}} = \frac{E^2}{4R_L}$$

2. 最大功率验证电路

采用如图 4.4.5 所示电路，选取合适的电源电压，选择电源内阻为定值电阻，利用可调电位器作为负载电阻，测量负载电阻的电压、电流，其乘积即为输出功率。改变负载电阻的数值，找到负载的最大功率点，验证最大功率传输条件。

五、实验预习要求

（一）基本实验任务

1. 设图 4.4.1 所示电路的参数如下：$U_{S1} = 16\ V$，$U_{S2} = 8\ V$，$R_1 = 470\ \Omega/2\ W$，$R_2 = 200\ \Omega/2\ W$，$R_3 = 300\ \Omega/2\ W$。计算各支路电流和各元件上的电压。填入表 4.4.1 和表 4.4.2 中的计算值。

2. 根据计算结果，回答下列问题。

叠加原理只适用于线性电路中 ＿＿＿＿＿＿＿＿＿＿＿＿＿＿＿＿＿ 的计算；不能用来计算 ＿＿＿＿＿ ，因为 ＿＿＿＿＿＿＿＿＿＿＿＿＿＿＿＿＿＿＿＿＿＿ 。

3. 设图 4.4.2a 所示电路的参数如下：$U_{S1} = 16\ \Omega/2\ W$，$R_1 = 470\ \Omega/2\ W$，$R_2 = 200\ \Omega/2\ W$，$R_3 = 300\ \Omega/2\ W$，$R_L = 1\ k\Omega/2\ W$。用戴维南定理分析该电路，将结果填入表 4.4.3 中的计算值。

4. 预习电路的基本测试方法、戴维南定理等效参数的测试方法并熟练应用。回答下列问题。

（1）电流表应 ＿＿＿＿＿＿＿ 在电路中。在该实验中，如何实现电流表的串联？

（2）本实验中，测量图 4.4.2a 中虚线框内电路的戴维南等效电路的步骤是：

①

②

③

④

（3）测量图 4.4.4a 电路的开路电压 U_{OC} 时，电压表量程应选 ＿＿＿＿＿ V；测量图 4.4.4b 电路的短路电流 I_S 时，电流表量程应选 ＿＿＿＿＿＿ 。

电压表量程有：1 V，10 V，20 V，50 V，100 V，220 V；电流表量程有：1 A，0.5 A，100 mA，50 mA。

（二）扩展实验任务

1. 在图 4.4.5 所示电路中，若取电源电压 $E = 10\ V$，电源内阻 $R = 200\ \Omega/2\ W$，计算电路中的物理量，将结果填入表 4.4.4 中的计算值。

2. 分析计算数据，回答下列问题。

负载获得最大功率的条件是 ＿＿＿＿＿＿＿＿＿＿＿＿＿＿ ；在负载获得最大功率时，电源效率为 ＿＿＿＿＿＿＿＿＿＿＿＿ 。

六、实验指导

（一）基本实验内容及步骤

1. 验证叠加原理

（1）选择图 4.4.1 所示电路。建议各元件参数选择：$U_S = 16\ V$，$U_{S2} = 8\ V$，$R_1 = 470\ \Omega/2\ W$，$R_2 = 200\ \Omega/2\ W$，$R_3 = 300\ \Omega/2\ W$。为了便于测量电流，将各支路串联一个电流测试插孔。为了实验过程中操作方便，在两电源的输入端接入一个双刀双掷开关 S_1、S_2。S_1、S_2 的一侧与电源相连，一侧接入一根短路线。当某电源作用于电路时，将对应的开关掷向电源侧，当某电源不作用时，将对应的开关掷向短路侧，该电源就被置零。实验电路如图4.4.6所示。

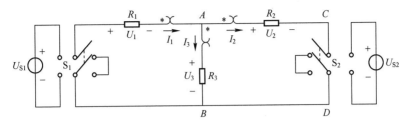

图4.4.6 叠加原理实验电路

（2）按照图4.4.6接好线路，先将开关 S_1、S_2 投向短路侧。将直流稳压电源的输出设置为独立输出（即中间两按键全部弹起），并将直流稳压电源两路输出的限流旋钮调至合适，再分别调节两路直流电源输出（CH1、CH2）至所需值，最后将两路输出即 U_{S1} 和 U_{S2} 接入电路中。

（3）接通电源 U_{S1}，U_{S2} 置零（S_2 投向短路侧）。测量 U_{S1} 单独作用时各支路电流和电压，将测量结果填入表4.4.1和表4.4.2。

（4）接通电源 U_{S2}，U_{S1} 置零（S_1 投向短路侧）。测量 U_{S2} 单独作用时各支路电流和电压，将测量结果填入表4.4.1和表4.4.2。

（5）接通电源 U_{S1} 和 U_{S2}，测量 U_{S1} 和 U_{S2} 共同作用下各支路电流和电压，将测量结果填入表4.4.1和表4.4.2。

（6）将表中的测量值与计算值进行比较，计算误差，并分析原因。

表4.4.1 叠加原理数据记录与分析

电　　源	I_1/mA		I_2/mA		I_3/mA	
	测量值	计算值	测量值	计算值	测量值	计算值
U_{S1}作用						
U_{S2}作用						
U_{S1}、U_{S2}作用						

表4.4.2 叠加原理数据记录与分析

电源	U_1/V		U_2/V		U_3/V	
	测量值	计算值	测量值	计算值	测量值	计算值
U_{S1}作用						
U_{S2}作用						
U_{S1}、U_{S2}作用						

2. 验证戴维南定理

（1）选择图4.4.2a所示电路。建议各元件参数选择：$U_{S1} = 16\,V$，$R_1 = 470\,\Omega/2\,W$，$R_2 = 200\,\Omega/2\,W$，$R_3 = 300\,\Omega/2\,W$，$R_L = 1\,k\Omega/2\,W$。实验电路如图4.4.7所示。

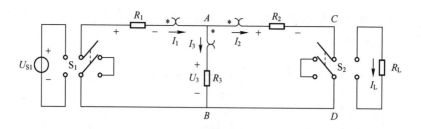

图 4.4.7　戴维南定理实验电路

（2）按图 4.4.7 接好线路，即将图 4.4.6 中的 U_{S2} 去掉，改接 R_L。将 C、D 两点左边的电路进行戴维南等效变换。

（3）将 R_L 断开，测量 C、D 两点之间的开路电压 U_{OC}，填入表 4.4.3 中。

（4）将 C、D 两点短接，测量短路电流 I_S，计算出等效电阻 $R_0 = U_{OC}/I_S$，填入表 4.4.3 中。

表 4.4.3　戴维南定理实验数据记录

	开路电压 U_{OC}	短路电流 I_S	等效内阻 R_0	负载电压 U_{CD}	负载电流 I_L
计算值					
测量值					
戴维南等效电路	等效电动势 E	等效内阻 R_0	负载电压 U'_{CD}	负载电流 I'_L	

（5）在 C、D 之间接入负载电阻 R_L，测量负载电阻上的电压 U_L 和电流 I_L。填入表 4.4.3 中。

（6）用直流稳压电源（调其电压等于 U_{OC}）和可调电位器（调其电阻等于 R_0）组成戴维南等效电路，如图 4.4.8 所示，接上负载电阻 R_L，由 R_L 测出 U'_L、I'_L，填入表 4.4.3 中。验证 $U_L = U'_L$，$I_L = I'_L$。

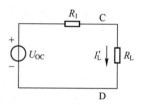

图 4.4.8　戴维南等效电路

（二）扩展实验内容及步骤

验证最大功率传输定理。

（1）选择图 4.4.5 所示电路。建议各元件参数选择：$E = 110\text{ V}$，$R_0 = 200\ \Omega/2\text{ W}$，$R_L$ 为可调电位器。实验电路如图 4.4.9 所示。

（2）按图 4.4.9 接好线路，改变负载电阻 R_L 的数值，测量其两端电压和负载电流，并根据所测数据计算负载获得功率，填入表 4.4.4 中。若参数不合适，可另外选取。

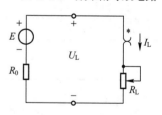

图 4.4.9　验证最大功率传输定理的实验电路

表 4.4.4　最大功率传输数据记录

R_L/Ω	U_L/V		I_1/A		负载功率 P_L/W			电源功率 P/W		电源效率 $\eta/\%$	
	计算值	测量值	计算值	测量值	计算值	测量值	误差值	计算值	测量值	计算值	测量值
100											

R_L/Ω	U_L/V		I_1/A		负载功率 P_L/W			电源功率 P/W		电源效率 $\eta/\%$	
	计算值	测量值	计算值	测量值	计算值	测量值	误差值	计算值	测量值	计算值	测量值
200											
300											
400											
500											

（3）与表中计算数据比较，计算误差，并分析原因。

七、实验注意事项

1. 测量各支路电流时，应注意选定的参考方向及电流表的极性（电流插口盒的极性），正确记录测量结果的"+""−"。

2. 在测量不同的电量时，应根据预习中计算的电压和电流值，选择合适的仪表量程。

3. 电路改接时，一定要关闭电源。

八、实验报告要求

1. 简述实验方案和步骤。

2. 记录原始实验数据和理论计算数据，完成数据表格中的计算。

3. 依据实验结果，进行分析比较，验证叠加原理、戴维南定理、最大功率传输定理的正确性。

4. 回答思考题。

（1）能否用叠加原理计算或测量各元件的功率？为什么？

（2）如何将戴维南等效电路进一步等效为诺顿等效电路？

5. 根据实验结果，说明负载获得最大功率的条件是什么？

6. 总结本次实验情况，写出此次实验的心得体会，包括实验中遇到的问题的处理方法和结果。

4.5 *RC* 一阶电路暂态过程的分析与研究

一、实验目的

1. 掌握 *RC* 一阶电路的零输入响应、零状态响应的基本规律和特点。

2. 研究 *RC* 一阶电路的方波响应的基本规律和特点。

3. 研究 *RC* 微分电路和积分电路在脉冲信号激励下的响应。

4. 学习用示波器测量信号的基本参数和一阶电路的时间常数。

二、实验任务

（一）基本实验任务

1. 研究 *RC* 一阶电路的方波响应的基本规律和特点。

2. 研究 *RC* 微分电路和积分电路在脉冲信号激励下的响应。

（二）扩展实验任务

设计能将方波信号转换为尖脉冲和三角波的电路。观察当输入为方波时，不同的时间常数对相应响应波形的影响。

三、基本实验条件

（一）仪器仪表

1. 双通道示波器   1 台

2. 函数信号发生器   1 台

（二）器材器件

1. 定值电阻器   若干

2. 电容器   若干

四、实验原理

（一）基本实验任务

1. *RC* 电路的响应

（1）零输入响应

动态电路在没有外加激励时，由电路中动态元件的初始储能引起的响应称为零输入响应。图 4.5.1 所示电路中，设电容上的初始电压为 U_0，根据 KVL 可得

$$u_C(t) + RC\frac{\mathrm{d}u_C(t)}{\mathrm{d}t} = 0 \qquad t \geq 0$$

且
$$u_C(0_+) = u_C(0_-) = U_0 \neq 0$$

由此可以得出电容器上的电压和电流随时间变化的规律：

$$u_C(t) = U_0 \mathrm{e}^{-\frac{t}{\tau}} \quad t \geq 0 \quad \tau = RC$$

$$i_C(t) = \frac{U_0}{R}\mathrm{e}^{-\frac{t}{\tau}} \quad t \geq 0 \quad \tau = RC$$

可以看出电容器上的电压是按照指数规律衰减的，如图 4.5.2 所示，其衰减的快慢取决于时间常数 $\tau = RC$。当 $t = \tau$ 时，$u_C(\tau) = 0.368U_0$。实际应用中一般认为当 $t = 5\tau$，即 $u_C(5\tau) = 0.0067U_0$ 时，电容器上的电压已衰减到零。

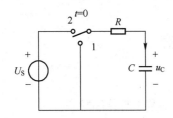
图 4.5.1 *RC* 电路的零输入响应

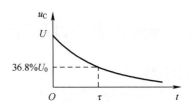
图 4.5.2 零输入响应曲线

（2）零状态响应

电路在零初始状态下（即动态元件初始储能为零），由外加激励引起的响应称为零状态响应。

图 4.5.3 所示电路中，设电容上的初始电压为零。根据 KVL 可得

$$u_C(t)+RC\frac{\mathrm{d}u_C(t)}{\mathrm{d}t}=U \quad t\geq 0$$

且

$$u_C(0_+)=u_C(0_-)=0$$

由此可以得出电容器上的电压和电流随时间变化的规律：

$$u_C(t)=U(1-\mathrm{e}^{-\frac{t}{\tau}}) \quad t\geq 0 \quad \tau=RC$$

$$i_C(t)=\frac{U}{R}\mathrm{e}^{-\frac{t}{\tau}} \quad t\geq 0 \quad \tau=RC$$

可以看出电容器上的电压是按照指数规律增加的，如图 4.5.4 所示，其增加的快、慢取决于电路参数 τ。当 $t=\tau$ 时，$u_C(\tau)=0.632U$。实际应用中一般认为当 $t=5\tau$，即 $u_C(5\tau)=0.9933U$ 时，电容器上的电压已达到恒定值 U，此时可视为电容开路，电流为零。

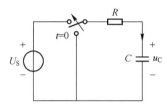
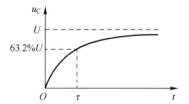

图 4.5.3　RC 电路的零状态响应　　　　图 4.5.4　零状态响应的曲线

（3）全响应

当一个非零初始状态的一阶电路受到激励时，电路的响应称为全响应。图 4.5.3 所示的电路中，若电容上的初始电压为 U_0。根据 KVL 可得

$$u_C(t)+RC\frac{\mathrm{d}u_C(t)}{\mathrm{d}t}=U \quad t\geq 0$$

且

$$u_C(0_+)=U_0\neq 0$$

由此得出电容器上的电压随时间变化的规律：

$$u_C(t)=U(1-\mathrm{e}^{-\frac{t}{\tau}})+u_C(0_+)\mathrm{e}^{-\frac{t}{\tau}}=[u_C(0_+)-U]\mathrm{e}^{-\frac{t}{\tau}}+U \quad t\geq 0$$
　　零状态分量　　　　　零输入分量　　　　自由分量　　　强制分量

上式表明：

① 全响应是零状态分量和零输入分量之和，它体现了线性电路的可加性。

② 全响应也可以看成是自由分量和强制分量之和。自由分量的起始值与初始状态和输入有关，而随时间变化的规律仅取决于电路的 R、C 参数；强制分量则仅与激励有关。当 $t\to\infty$ 时，自由分量趋于零，过渡过程结束，电路进入稳态。

对于上述零状态响应、零输入响应和全响应的一次变化过程，$u_C(t)$ 的波形可以用数字示波器直接显示出来。观察信号时，示波器应设置为 DC 耦合。

（4）方波响应

当方波的半个周期远大于电路的时间常数 $\left(\dfrac{T}{2}\geq 5\tau\right)$ 时，可以认为方波某一边沿到来时，前一边沿所引起的过渡过程已经结束。这时，一个周期的方波信号引起的响应为

$$u_C(t) = \begin{cases} U(1 - e^{-\frac{t}{\tau}}) & 0 \leqslant t \leqslant \dfrac{T}{2} \\[2ex] U e^{-\frac{t-\frac{T}{2}}{\tau}} & \dfrac{T}{2} \leqslant t \leqslant T \end{cases}$$

可以看出，电路对上升沿的响应就是零状态响应；电路对下降沿的响应就是零输入响应。方波响应是零状态响应和零输入响应的多次过程。因此，可以用示波器直接来观察和分析零状态响应和零输入响应，并从中测出时间常数 τ，如图 4.5.5 所示。

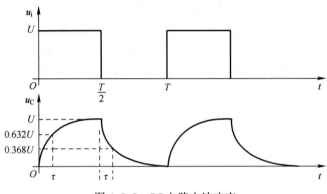

图 4.5.5　RC 电路方波响应

需要注意的是，方波响应的时间常数必须满足 $5\tau < \dfrac{T}{2}$，才能保证方波下一个边沿到来时，前一边沿所引起的过渡过程已经结束。若选择 $5\tau = \dfrac{T}{2}$，则在 u_i 的半个周期，电容的充、放电正好结束，即 $t = \dfrac{T}{2}$ 时，零状态响应刚好结束，$u_C = U$；$t = T$ 时，零输入响应刚好结束，$u_C = 0$；若将示波器的两通道波形重合，将得到如图 4.5.6 所示的波形。其中，虚线波形为方波响应的波形。

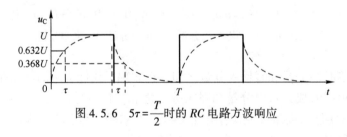

图 4.5.6　$5\tau = \dfrac{T}{2}$ 时的 RC 电路方波响应

2. 微分电路和积分电路

微分电路和积分电路是 RC 一阶电路中较典型的应用电路。对电路元件参数和输入信号的周期有着特定的要求。

如图 4.5.7 所示的电路，当时间常数 $\tau = RC \ll \dfrac{T}{2}$ 时，$u_o(t) = RC\dfrac{\mathrm{d}u_i(t)}{\mathrm{d}t}$。可见，输出电压信号与输入电压的微分成正比，称为 RC 微分电路。如果输入波形为方波时，输出波形为尖脉冲。对应于输入信号的正跳变，输出正的尖脉冲，对应于输入信号的负跳变，输出负的尖脉冲，脉冲的宽度取决于时间常数，脉冲的幅度与输入信号跳变的幅度一样。

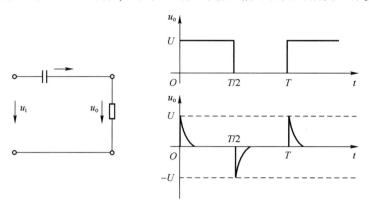

图 4.5.7　RC 微分电路及波形

当 RC 串联电路从电容两端输出电压信号，且满足 $\tau = RC \gg \dfrac{T}{2}$ 时，如图 4.5.8 所示。

$u_o(t) = \dfrac{1}{RC} \displaystyle\int_0^t u_i(t)\, \mathrm{d}t$ 。可见，输出电压与输入电压的积分成正比，称为 RC 积分电路。如果输入信号为方波，输出波形近似为一个三角波。需要注意的是，因为电路的时间常数很大，输出波形的变化幅度远小于输入波形变化的幅度。用示波器观测输出波形时，应注意调整 VOLTS/DIV 旋钮，注意比较输入、输出波形的幅度。

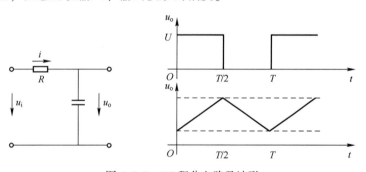

图 4.5.8　RC 积分电路及波形

（二）扩展实验任务

1. 将矩形波转换为尖脉冲的波形转换电路

对于矩形电压激励的 RC 串联电路，当满足 $\tau \leqslant t_p$（$\tau \leqslant \dfrac{1}{5} t_p$）的条件时，将从电阻两端输出正、负尖脉冲。当输入矩形电压正跳变时，输出正尖脉冲，当输入矩形电压负跳变时，输出负尖脉冲，其脉冲的幅度取决于输入电压跳变的幅度，其脉冲的宽度取决于电路的时间常数 τ。该电路称为微分电路，可以将矩形波转换为尖脉冲。

2. 将矩形波转换为三角波的波形转换电路

当矩形电压激励的 RC 串联电路从电容两端输出时，若满足 $\tau \gg t_p$ 的条件，则输出近似三角波。当时间常数 τ 很大（$\tau = 10t_p$）时，由于 $u_0(t) \ll u_R(t)$，输出波形近似为一个三角波，这种电路称为积分电路，可以将矩形波转换为三角波。

五、实验预习要求

（一）基本实验任务

1. 如何通过示波器测量 RC 响应的时间常数。

2. 当图 4.5.3 电路中的激励为方波时，在图 4.5.9 中画出（1）$\tau = \dfrac{T}{2}$；（2）$\tau = \dfrac{T}{10}$；

（3）$\tau = \dfrac{T}{20}$ 时 u_C 波形。

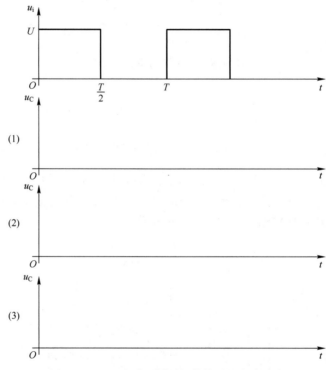

图 4.5.9 RC 电路不同时间常数时的方波响应

3. 积分电路和微分电路必须具备什么条件？

（二）扩展实验任务

1. 设计能将方波信号转换为尖脉冲的电路，并画出电路图。若输入的方波信号频率为 1 kHz，选择 R 和 C 的参数。（建议选择 $C = 0.1\ \mu F$）。

2. 设计能将方波信号转换为三角波的电路，并画出电路图。若输入的方波信号频率为 1 kHz，选择 R 和 C 的参数。（建议选择 $C = 1\ \mu F$）。

六、实验指导

（一）基本实验内容及步骤

1. 测试 RC 一阶电路的方波响应

（1）在函数信号发生器上调出幅度为 2 V，重复频率为 1 kHz 的方波信号，用示波器 CH1 通道观察其波形参数，使各项参数符合规定要求。

（2）连接电路如图 4.5.3 所示。选择电路参数，使 $\frac{T}{2} \approx 5\tau$（建议 $C = 0.1\ \mu F$）。用示波器 CH2 通道观察电容上的输出波形，要求 CH1、CH2 通道同时显示，记录激励和响应波形，并定量测量电容器在零输入响应与零状态响应下的初始值 U_0 和电路的时间常数 τ，记录于表 4.5.1，并与理论计算值相比较。注意方波响应是否处在零状态响应和零输入响应（$\frac{T}{2} \geqslant 5\tau$）状态，否则测得的时间常数会不正确。

（3）改变实验电路的参数，再选择一组 RC 参数（建议 $C = 0.01\ \mu F$），重做步骤（2）的内容。注意改变时间常数时，要相应地改变信号频率，使之满足 $\frac{T}{2} \geqslant 5\tau$ 的条件。

表 4.5.1　RC 电路的方波响应

电路参数	方波信号源	输入输出波形	时间常数/s
$R =$ $C = 0.1\ \mu F$	$f = 1\ kHz$ $U_{P-P} = 2\ V$		计算值：
			测量值：
$R =$ $C = 0.01\ \mu F$	$f = 2\ kHz$ $U_{P-P} = 2\ V$		计算值：
			测量值：

2. 测试微分电路和积分电路的波形及参数

（1）按照图 4.5.7 所示电路接线（建议选择 $C = 0.01\ \mu F$），输入为 $f = 1\ kHz$，$U_{P-P} = 1\ V$ 的方波信号，根据 C 的大小，选取合适的 R，使之满足 $\tau = RC \ll \frac{T}{2}$，用示波器观察输入、输出电压的波形及参数并记录于表 4.5.2。

（2）按照图 4.5.8 所示电路接线（建议选择 $C = 0.1\ \mu F$），输入为 $f = 1\ kHz$，$U_{P-P} = 1\ V$ 的方波信号，根据 C 的大小，选取合适的 R，使之满足 $\tau = RC \gg \frac{T}{2}$，用示波器观察输入、输出电压的波形与参数并记录于表 4.5.2。

表 4.5.2　微分响应与积分响应

电路参数		输入输出波形图	计算时间常数/s
微分电路	$R =$ $C = 0.01\ \mu F$		
积分电路	$R =$ $C = 0.1\ \mu F$		

（二）扩展实验内容及步骤

1. 测试矩形波与尖脉冲的转换电路

按预习中设计好的电路连接。选择合适的矩形波信号频率和幅度，测试输入、输出波形并自拟合适的表格记录测试数据和波形。

2. 测试矩形波与三角波的转换电路

按预习中设计好的电路连接。选择合适的矩形波信号频率和幅度，测试输入、输出波形并自拟合适的表格记录测试数据和波形。

七、实验注意事项

1. 注意各电路的时间常数与输入信号频率的关系，满足电路要求才能测出正确的数据和波形。

2. 调节示波器时，要注意触发开关和电平调节旋钮的配合使用，以使显示的波形稳定。

3. 用示波器进行定量测量时，"T/DIV" 和 "V/DIV" 的微调旋钮应处于关闭位置。

4. 为防止外界干扰，信号发生器的接地端与示波器的接地端一定要和电路的接地端相连（称共地）。

5. 测试记录曲线要标明各参数。

八、实验报告要求

1. 整理实验数据。

2. 画出所观察到的各波形，并标明波形参数。

3. 将测量值与理论值作比较。若误差较大，试说明其产生原因。

4. 总结本次实验情况，写出此次实验的心得体会，包括实验中遇到的问题的处理方法和结果。

4.6 *RLC* 正弦交流电路中基本元件特性的测量

一、实验目的

1. 复习交流电路中阻抗的定义。

2. 学习用示波器测量 *RL* 串联电路的频率特性。

3. 学习用示波器测量 *RC* 串联电路的频率特性。

4. 研究 *RLC* 并联电路的频率特性。

二、实验任务

（一）基本实验任务

1. 选择合适的器件参数、仪器仪表，采取正确的实验方法、设计合理的数据表格测量 *RL* 串联电路的频率特性。

2. 选择合适的器件参数、仪器仪表，采取正确的实验方法、设计合理的数据表格测量 *RC* 串联电路的频率特性。

（二）扩展实验任务

研究 *RLC* 并联电路的频率特性。

三、基本实验条件

（一）仪器仪表

1. 函数信号发生器   1 台
2. 交流毫伏表   1 台
3. 示波器   1 台

（二）器材器件

1. 电阻   若干
2. 电感线圈   1 个
3. 电容器   1 个

四、实验原理

（一）基本实验任务

1. RL 串联电路

如图 4.6.1 所示的 RL 串联电路。

阻抗

$$Z = R + j\omega L = R + jX_\perp = |Z| \angle \varphi$$

阻抗模

$$|Z| = \sqrt{R^2 + X_\perp^2} = \sqrt{R^2 + (\omega L)^2}$$

阻抗角

$$\varphi = \arctan \frac{X_\perp}{R} = \arctan \frac{\omega L}{R}$$

电流相量

$$\dot{I} = \frac{\dot{U}}{Z} = \frac{U \angle 0°}{|Z| \angle \varphi} = \frac{U}{|Z|} \angle -\varphi$$

2. RC 串联电路

如图 4.6.2 所示的 RC 串联电路。

阻抗

$$Z = R + \frac{1}{j\omega C} = R - jX_C = |Z| \angle \varphi$$

阻抗模

$$|Z| = \sqrt{R^2 + X_C^2} = \sqrt{R^2 + \left(\frac{1}{\omega C}\right)^2}$$

阻抗角

$$\varphi = \arctan \frac{-X_C}{R} = -\arctan \frac{1}{\omega RC}$$

电流相量

$$\dot{I} = \frac{\dot{U}}{Z} = \frac{U \angle 0°}{|Z| \angle \varphi} = \frac{U}{|Z|} \angle -\varphi$$

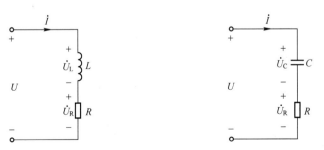

图 4.6.1 RL 串联电路   图 4.6.2 RC 串联电路

3. 同频率正弦信号相位差的测量

将两个被测信号分别从示波器的 **CH1** 通道和 **CH2** 通道同时输入，在屏幕上同时显示出两个信号的波形，如图 4.6.3 所示。由于一个周期是 360°，因此根据一个信号周期在水平方向上的长度 L（Div），以及两个信号波形上对应点（A，B）之间的水平距离 D（Div），由式（4-6-1）可以计算出两个信号之间的相位差：

$$\varphi = \frac{D}{L} \times 360° \tag{4-6-1}$$

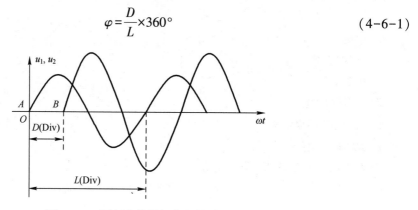

图 4.6.3　同频率信号相位差的测量

（二）扩展实验任务

RLC 并联电路如图 4.6.4 所示。

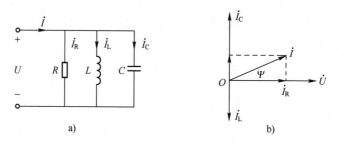

图 4.6.4　RLC 并联电路

其相量形式的 KCL 方程为

$$\dot{I} = \dot{I}_R + \dot{I}_L + \dot{I}_C = \frac{\dot{U}}{R} + \frac{\dot{U}}{jX_L} + \frac{\dot{U}}{-jX_C}$$

总电流 i 的有效值为

$$I = \sqrt{I_R^2 + (I_C - I_L)^2} = \sqrt{\left(\frac{U}{R}\right)^2 + \left(\frac{U}{X_C} - \frac{U}{X_L}\right)^2}$$

总电流 i 的初相位为

$$\varphi_i = \arctan = \frac{I_C - I_L}{I_R}$$

五、实验预习要求

（一）基本实验任务

1. 在 RL 串联的交流电路中，电压与电流的相位关系为　＿＿＿＿＿＿＿，电路等效复阻抗的大小和相位随频率变化的规律为 _____ 。

2. 在 RC 串联的交流电路中，电压电流的相位关系为 _____ ，电路等效复阻抗的大小和相位随频率变化的规律为 _____ 。

3. 掌握同频率正弦信号相位差的测量方法。

（二）扩展实验任务

在 RLC 并联电路中，当电路参数不变时，增大电源的频率，电路中的等效复阻抗随频率变化的关系为 _____ 。

六、实验指导

（一）基本实验内容及步骤

1. RL 串联电路的频率特性

（1）按图4.6.5所示的电路接线，选择电路的参数为 $R=200\,\Omega$，$L=0.33\,\text{mH}$。输入端接入函数信号发生器，设置函数信号发生器的信号为正弦波。调节函数信号发生器，输出电压为 2 V，频率为 100 kHz 的正弦波。用示波器观察电阻两端的波形，记录示波器数据，填写在表4.6.1中。

（2）保持交流信号源的幅值不变，改变其频率（100 ~ 600 kHz），用示波器测量电阻 R 上的参数，记录在表格4.6.1中。

（3）根据所测结果计算电路中的总电流和等效复阻抗的阻抗模，将计算结果填写在表4.6.1中

（4）用示波器同时观察电路中总电压与电阻电压的波形图，假设输入信号与横轴的交点为 A，输出信号与横轴的交点为 B，如图4.6.3所示，测量 A、B 之间的距离 D，填写在表格4.6.1中，根据式4-6-1计算两个波形之间的相位差 φ（即复阻抗的阻抗角），填写在表4.6.1中。

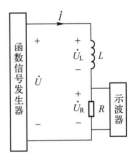

图 4.6.5 RL 串联电路

（5）用描点法画出 RL 串联电路中等效复阻抗的阻抗模的频率特性和阻抗角的频率特性曲线。

表 4.6.1 RL 串联电路的频率特性

频率 f/kHz	100	200	400	500	600
U_R/V					
计算 I/mA					
计算 $|Z|$					
D					
计算 φ					

（6）根据测试数据画出 RL 串联电路的等效复阻抗的阻抗模的频率特性曲线和阻抗角的频率特性曲线。

2. RC 串联电路的频率特性

（1）按图 4.6.6 所示的电路接线，选择电路的参数为 $R=1\,\mathrm{k\Omega}$，$C=0.01\,\mathrm{\mu F}$。输入端接入函数信号发生器，设置函数信号发生器的信号为正弦波。调节函数信号发生器，输出电压为 2 V，频率为 1 kHz 的正弦波。用示波器观察电阻两端的波形，记录示波器数据，填写在表 4.6.2 中。

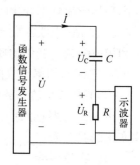

图 4.6.6　RC 串联电路

（2）保持交流信号源的幅值不变，改变其频率（1~10 kHz），用示波器测量电阻 R 上的参数，记录在表 4.6.2 中。

（3）根据所测结果计算电路中的总电流和等效复阻抗的阻抗模，将计算结果填写在表 4.6.2 中。

（4）用示波器同时观察电路中总电压与电阻电压的波形图，假设输入信号与横轴的交点为 A，输出信号与横轴的交点为 B，如图 4.6.3 所示，测量 A、B 之间的距离 D，填写在表 4.6.2 中，根据式 4-6-1 计算两个波形之间的相位差 φ（即复阻抗的阻抗角），填写在表 4.6.2 中。

（5）用描点法画出 RC 串联电路中等效复阻抗的阻抗模的频率特性和阻抗角的频率特性曲线。

表 4.6.2　RC 串联电路的频率特性

频率 f/kHz	1	2	4	6	8	10
U_R/V						
计算 I/mA						
计算 $\lvert Z \rvert$						
D						
计算 φ						

（6）根据测试数据画出 RC 串联电路的等效复阻抗的阻抗模的频率特性曲线和阻抗角的频率特性曲线。

（二）扩展实验内容及步骤

测量电路如图 4.6.7 所示，请自行设计测试方案测试 RLC 并联电路的频率特性。

七、实验注意事项

1. 由于信号源内阻的影响，输出幅度会随信号频率变化。因此，在调节输出频率时，应同时调节输出幅度，使实验电路的输入电压保持不变。

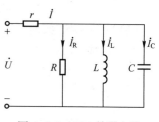

图 4.6.7　RLC 并联电路

2. 观看波形时，示波器与信号源一定要共地。

八、实验报告要求

1. 根据测试数据，完成各项数据表格的计算。

2. 根据测量数据，绘制出 RL 串联电路的频率特性曲线。

3. 根据测量数据，绘制出 RC 串联电路的频率特性曲线。

4.7　交流电路中相位差的测量

一、实验目的

1. 学习使用示波器测量正弦电压信号之间的相位差。

2. 加深对有功功率概念的理解。

3. 通过实验了解 RC 低通滤波器的电路特性。

4. 通过实验了解 RC 高通滤波器的电路特性。

二、实验任务

（一）基本实验任务

1. 使用示波器测量 RC 低通滤波器中输出电压电流的相位差。

2. 使用示波器测量 RC 高通滤波器中输出电压电流的相位差。

（二）扩展实验任务

1. 改变电源的频率，计算 RC 低通滤波器的有功功率。

2. 改变电源的频率，计算 RC 高通滤波器的有功功率。

三、基本实验条件

（一）仪器仪表

1. 函数信号发生器　　　　　　　　　　　　1 台

2. 双通道示波器　　　　　　　　　　　　　1 台

（二）器材器件

1. 定值电阻　　　　　　　　　　　　　　　若干

2. 电容　　　　　　　　　　　　　　　　　1 只

四、实验原理

（一）基本实验任务

1. 同频率正弦信号相位差的测量

（1）双迹法：将两个被测信号分别从示波器的 CH1 通道和 CH2 通道同时输入，在屏幕上同时显示出两个信号的波形。由于一个周期是 360°，因此根据一个信号周期在水平方向上的长度 L（Div），以及两个信号波形上对应点 (A, B) 之间的水平距离 D（Div），如图 4.7.1 所示由式（4-7-1）可以计算出两个信号之间的相位差：

$$\varphi = \frac{D}{L} \times 360° \tag{4-7-1}$$

（2）李沙育图形：将两个被测信号分别从示波器水平输入端（X 端）和垂直输入端（Y 端）输入，示波器的显示屏上将显示一个椭圆图形，如图 4.7.2 所示。根据这个椭圆的几何形状可以计算出两个被测信号之间的相位差。

假设水平输入端的信号为

$$x = U_x \sin\omega t \qquad\qquad (4\text{-}7\text{-}2)$$

垂直输入端的信号为

$$y = U_y \sin(\omega t + \varphi) \qquad\qquad (4\text{-}7\text{-}3)$$

式中，U_x 和 U_y 分别为两个输入信号的幅值，ω 为角频率；φ 为两个输入信号之间的相位差。

由式（4-7-2）知，当 $x = 0$ 时，$\omega t = n\pi (n = 0, 1, 2, \cdots)$，此时，图 4.7.2 所示的椭圆与 y 轴两个交点的坐标为

$$y_0 = \pm U_y \sin\varphi \qquad\qquad (4\text{-}7\text{-}4)$$

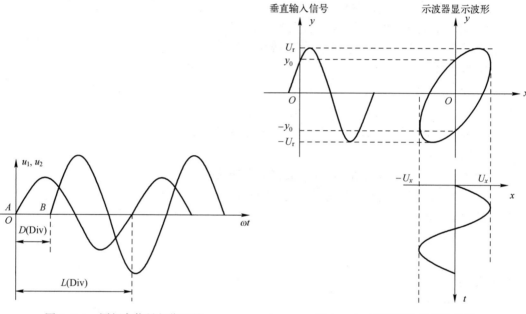

图 4.7.1 同频率信号相位差的
测量：双迹法

图 4.7.2 同频率信号相位差的
测量：李沙育图形

因此可以得到：

$$\varphi = \arcsin\frac{2y_0}{2U_y} \qquad\qquad (4\text{-}7\text{-}5)$$

式中，$2y_0$ 是椭圆与 y 轴两个交点之间的距离；$2U_y$ 是 y 轴的输入信号幅值的 2 倍。

2. 测量负载电压与电流之间的相位关系

假设负载电路的负阻抗为 Z，取一个电阻 r，满足 $r \ll |Z|$。将电阻 r 与被测负载串联，则电阻 r 上的电流与被测负载的电流相等；且电阻 r 上的电压与电流同相位。因为 $r \ll |Z|$，则被测负载两端电压与电流的相位关系，可以近似为被测负载两端的电压与电阻 r 两端的电压之间的相位关系，测量电路如图 4.7.3 所示。

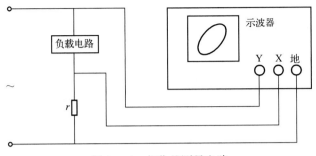

图 4.7.3　相位差测量电路

（二）扩展实验任务

负载电路的有功功率为

$$P = UI\cos\varphi \tag{4-7-6}$$

式中，U 为负载电压的有效值；I 为流过负载电流的有效值；φ 为 u 和 i 之间的相位差；$\cos\varphi$ 为负载的功率因数。

式（4-7-6）也可以写成：

$$P = \frac{1}{2}U_\mathrm{m}I_\mathrm{m}\cos\varphi \tag{4-7-7}$$

式中，U_m 和 I_m 分别为负载电压、电流的幅值。

在图 4.7.2 中，可以看出：

$$U_\mathrm{m} \approx U_y$$
$$I_\mathrm{m} \approx \frac{U_x}{r} \tag{4-7-8}$$

将式（4-7-8）代入式（4-7-7）中，可得

$$P = \frac{U_x U_y}{2r}\cos\left(\arcsin\frac{2y_0}{2U_y}\right) \tag{4-7-9}$$

五、实验预习要求

1. RC 低通滤波电路如图 4.7.4 所示。取 $R = 1\ \mathrm{k\Omega}$，$C = 0.1\ \mathrm{\mu F}$，当电源的频率取表 4.7.1 中的数据时，计算低通滤波电路输出端电压电流的相位差，填入表 4.7.1 中。

表 4.7.1　低通滤波电路的计算数据

f/kHz	1	2	10	50
$\theta/(\degree)$				

2. RC 高通滤波电路如图 4.7.5 所示。取 $R = 1\ \mathrm{k\Omega}$，$C = 0.1\ \mathrm{\mu F}$，当电源的频率取表 4.7.2 中的数据时，计算高通滤波电路输出端电压电流的相位差，填入表 4.7.2 中。

表 4.7.2　高通滤波电路的计算数据

f/kHz	1	2	3	4
$\theta/(\degree)$				

3. 低通滤波电路在电路中的作用为＿＿＿＿＿＿＿＿＿＿＿；高通滤波电路在电路中的作用为＿＿＿＿＿＿＿＿＿＿。

4. 将图 4.7.4 所示的低通滤波电路中的电容 C 换成一个 $1\,\mathrm{k}\Omega$ 的电阻，示波器上应显示什么图形？

六、实验指导

（一）基本实验内容及步骤

1. 使用双迹法测量低通滤波电路的相位差

（1）按照图 4.7.4 所示的电路图连接电路。建议 RC 低通滤波电路的参数为 $R = 1\,\mathrm{k}\Omega$，$C = 0.1\,\mathrm{\mu F}$。测量电路的输入端连接函数信号发生器，输出端连接双通道示波器。

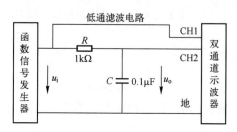

图 4.7.4　低通滤波电路相位差测量电路

（2）调节函数信号发生器，使其输出正弦波信号，保持正弦电压信号的峰–峰值为 6 V 不变，改变正弦信号的频率，见表 4.7.3。

（3）从示波器上测量 L 和 D 的值，将测量数据填入表 4.7.3 中。

（4）根据式（4-7-1）计算相位差，填入表 4.7.3 中。

（5）根据表 4.7.3 中的测试数据，绘制相位差 φ 随频率 f 变化的曲线。

（6）与表 4.7.1 中计算数据比较，计算误差，并分析原因。

表 4.7.3　低通滤波电路相位差测试数据

f/kHz	1	2	10	50
D				
L				
$\varphi = \dfrac{D}{L} \times 360°$				

2. 使用李沙育图形测量高通滤波电路的相位差

（1）将图 4.7.4 所示的低通滤波电路中的 RC 互换位置，构成高通滤波电路，如图 4.7.5 所示。电路参数为：$R = 1\,\mathrm{k}\Omega$，$C = 0.1\,\mathrm{\mu F}$。测量电路的输入端连接函数信号发生器，输出端连接双通道示波器。

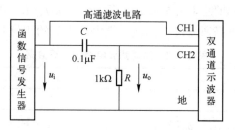

图 4.7.5　高通滤波电路相位差测量电路

（2）调节函数信号发生器，使其输出正弦波信号，保持正弦电压信号的峰–峰值为 6 V 不变，改变正弦信号的频率，见表 4.7.4。

（3）从示波器上测量 $2U_x$、$2U_y$ 和 $2y_0$，将测量数据填入表 4.7.4 中。

（4）根据式（4-7-5）计算相位差，填入表 4.7.4 中。

（5）根据表 4.7.4 中的测试数据，绘制相位差 φ 随频率 f 变化的曲线。

（6）与表 4.7.2 中计算数据比较，计算误差，并分析原因。

表 4.7.4　高通滤波电路相位差测试数据

f/kHz	5	10	15	20	25	30	35	40
U_y/V								
y_0/V								
$\varphi/(\ °)$								

（二）扩展实验内容及步骤

1. 计算低通滤波电路的有功功率

（1）根据表 4.7.3 中的测试数据和式（4-7-9）计算 RC 低通滤波器消耗的有功功率，将计算结果填入表 4.7.5 中。

（2）根据表 4.7.5 中的计算数据绘制 RC 低通滤波器的有功功率随频率变化的曲线。

表 4.7.5　低通滤波器的有功功率

f/kHz	1	2	10	50
$P/\mu\text{W}$				

2. 计算高通滤波电路的有功功率

（1）根据表 4.7.4 中的测试数据和式（4-7-9）计算 RC 高通滤波器消耗的有功功率，将计算结果填入表 4.7.6 中。

（2）根据表 4.7.6 中的计算数据绘制 RC 高通滤波器的有功功率随频率变化的曲线。

表 4.7.6　高通滤波器的有功功率

f/kHz	1	2	3	4
$P/\mu\text{W}$				

七、实验注意事项

1. 由于信号源内阻的影响，输出幅度会随信号频率变化。因此，在调节输出频率时，应同时调节输出幅度，使实验电路的输入电压保持不变。

2. 观看波形时，示波器与信号源一定要共地。

3. 电路改接时，一定要关闭电源。

八、实验报告要求

1. 简述实验方案和步骤。

2. 记录原始实验数据和理论计算数据，完成数据表格中的计算。

3. 绘制滤波电路的相位和有功功率随频率变化的曲线。

4. 总结本次实验情况，写出此次实验的心得体会，包括实验中遇到的问题的处理方法和结果。

4.8 基于 Multisim 软件的电路仿真

一、实验目的

1. 初步掌握用 Multisim 软件建立电路的方法。

2. 初步掌握用 Multisim 软件进行直流电路仿真。

3. 通过实验加深对基尔霍夫定律、叠加原理、戴维南定理的理解。

二、实验任务

（一）基本实验任务

1. 掌握 Multisim 软件的基本使用。

2. 用 Multisim 软件建立电路，进行仿真，验证基尔霍夫定律。

3. 用 Multisim 软件建立电路，进行仿真，验证戴维南定理。

（二）扩展实验任务

自行设计电路，用 Multisim 软件对电路进行仿真。

三、基本实验条件

1. 计算机　　　　　　　　　　　　　　　　1 台

2. Multisim 仿真软件　　　　　　　　　　　1 套

四、实验原理

1. 基尔霍夫定律

基尔霍夫定律是电路的基本定律。基尔霍夫电流定律（KCL）概括了电路中电流应遵循的基本规律，基尔霍夫电压定律（KVL）概括了电路中电压应遵循的基本规律。

基尔霍夫电流定律（KCL）：任一时刻，电路中任一节点流进和流出的电流相等，即 $\Sigma I = 0$。

基尔霍夫电压定律（KVL）：任一时刻，电路中任一闭合回路中，各段电压的代数和为零，即 $\Sigma U = 0$。

2. 叠加原理

在线性电路中，任一支路的电流或电压等于电路中每一个独立源单独作用时，在该支路产生的电流或电压的代数和。

3. 戴维南定理

对外电路来讲，任何复杂的线性有源二端网络都可以用一个含有内阻的电压源等效。此电压源的电压等于二端网络的开路电压 U_{OC}，等效内阻等于二端网络的所有电源置零后的输入电阻 R_o。

实验中往往采用电压表测开路电压 U_{OC}，用电流表测端口短路电流 I_S，则等效电阻 $R_o = \dfrac{U_{OC}}{I_S}$。

五、实验预习要求

1. 预习 Multisim 软件的基本使用。

2. 复习基尔霍夫定律、叠加原理和戴维南定理的内容。

六、实验指导

1. 基尔霍夫定理的验证：

（1）启动 Multisim 14，软件界面如图 4.8.1 所示。

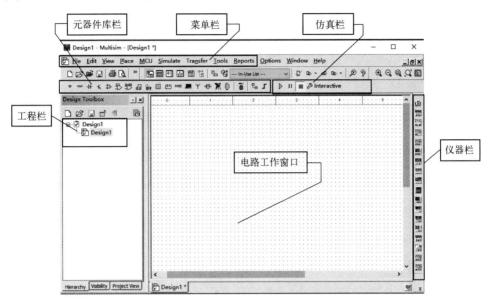

图 4.8.1　Multisim 14 主界面

（2）电路的建立。

① 选取元器件。单击元器件库栏的信号源库，如图 4.8.2 所示，将直流电压源、接地拖曳至电路工作区。

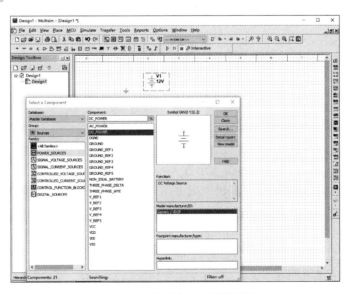

图 4.8.2　选择直流电压源元件

② 设置元器件参数。双击一直流电压源图标则弹出对话框如图 4.8.3 所示，标识（Label）设置为 E1，单击 Value 标签，将数值（Value）设置为 10 V。同理双击另一个直流电压

源图标，标识（Label）设置为 E2，数值（Value）设置为 6 V。

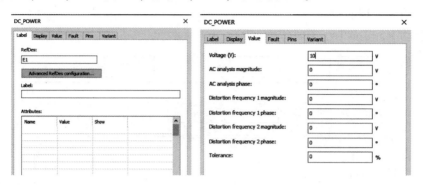

图 4.8.3　设置直流电压源参数

单击元器件库栏的基本器件库，同样方法选取电阻至电路工作窗口，如图 4.8.4 所示。图中电阻的旋转方法为先选中该元件，然后右击元件，则出现如图 4.8.5 所示对话框，单击"90 Clockwise"或"90 CounterCW"即可顺时针或逆时针旋转 90°。

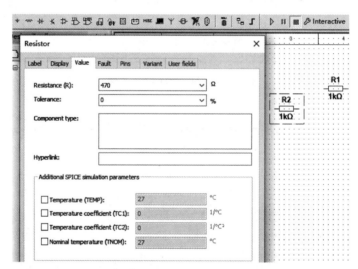

图 4.8.4　选择电阻元件并设置参数

双击电阻图标，弹出的对话框与直流电压源参数设置对话框相似，3 个电阻的标识（Label）、数值（Value）分别设为 $R_1 = 470\,\Omega$，$R_2 = 100\,\Omega$，$R_3 = 200\,\Omega$。

③ 连接及删除导线。首先将鼠标指向某个元器件的端点使其出现一个小圆点，按下鼠标左键并拖动出一根导线，拉住导线并指向另一个元器件的端点使其出现小圆点，释放鼠标左键即可完成导线的连接。要删除一根导线，只需将鼠标指向元器件与导线的连接点使出现圆点，按下左键拖曳该圆点，使导线离开元器件的端点，释放左键，导线自动消失。

建立电路如图 4.8.6 所示。

（3）调用和连接仪表

调用电压表和电流表连接于电路中。

① 单击元器件库的指示器件库，将电压表、电流表图标分别拖曳至电路工作区，双击图标，弹出相应对话框设置其参数，将电压表、电流表设置为直流仪表。如图 4.8.7 所示。

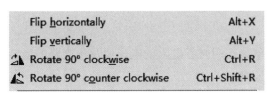

图 4.8.5　旋转元件的快捷菜单

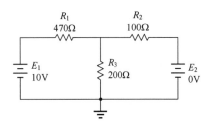

图 4.8.6　验证基尔霍夫定律

图 4.8.7　设置仪表

② 并联电压表。根据电路结构，将电压表旋转至合适状态，其方法与电阻等的连接方法相同，按图 4.8.8 所示连接于电路中。

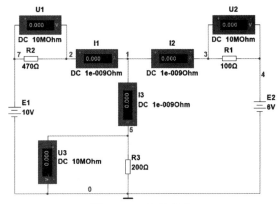

图 4.8.8　连接仪表

③ 串接电流表。此时不需将该支路的连接线断开，只要拖动电流表，将其放置在该支路的导线上，则电流表将自动串入电路中。（此方法也适用于向已连接好的电路中插入电阻等二端口元件）。连接好仪表的电路如图 4.8.9 所示。

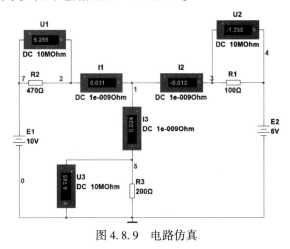

图 4.8.9　电路仿真

（4）启动仿真程序后，测得各个电阻两端电压和各支路电流，如图 4.8.9 所示，验证 KCL 和 KVL。

2. 叠加原理的验证

电路如图 4.8.6 所示。分别测量 E_1、E_2 单独作用时各电阻的电压值及各支路的电流值，与 E_1、E_2 共同作用时的数值比较，验证叠加原理。

（1）E_1 单独作用时，E_2 的数值设置为 0 V，E_2 单独作用时，E_1 的数值设置为 0 V，这两种情况下，测得各个电阻两端电压和各支路电流值。

（2）测量 E_1、E_2 共同作用时各个电阻两端电压和各支路电流值，与（1）中的数值比较。

3. 戴维南定理的验证

（1）按照图 4.8.10 连接仿真电路。

（2）如图 4.8.11 所示，测量 A、B 端口开路电压 U_{OC}。

（3）如图 4.8.12 所示，测量 A、B 端口短路电流 I_S，计算等效电阻 R_0。

（4）根据测试数据画出戴维南仿真等效电路。

（5）在图 4.8.10 中的 A、B 端口处外接负载 $R_{L1} = 500\,\Omega$，测量负载两端的电压 U_{L1}。

（6）在戴维南等效电路两端接相同的负载，验证负载两端的电压 $U'_{L1} = U_{L1}$。

4. 最大功率传输

在戴维南等效电路的 A、B 端口处接入电位器 $R_L = 1\,\mathrm{k\Omega}$，改变 R_L 的数值。测其两端的电压填入表 4.8.1 中，并计算功率，验证最大功率传输定理，如图 4.8.13 所示。

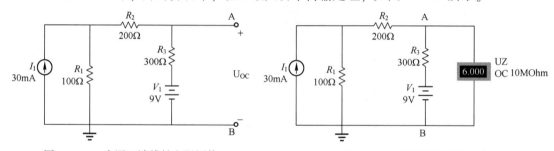

图 4.8.10　含源二端线性电阻网络　　　　　图 4.8.11　测量开路电压

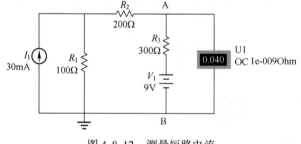

图 4.8.12　测量短路电流

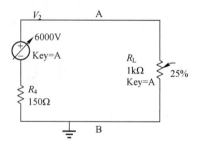

图 4.8.13　最大功率传输定理证明

表 4.8.1　最大功率传输定理证明

R_L/Ω	50	100	150	200	250	500
U_{AB}/V						
P/W						

82

七、注意事项

1. 建立电路时，电路公共参考端应与从信号源库中调出的接地图标相连。

2. 测量过程中由于参考方向的选定，应注意确定实际测量值的正、负号。

3. 与实际电路的测试一样，要注意电路与仪器的共地。

4. 使用虚拟仪器进行仿真时，要正确设置仪器的参数。

5. 设计合适的表格记录仿真结果，以便分析。

八、报告要求

1. 画出（或打印）所建电路图。

2. 参照建立表格，记录仿真数据，对实验结果进行分析。

3. 简要总结用 Multisim 软件进行直流电路仿真的方法及应用体会。

4.9 *RLC* 正弦交流电路的频率特性

一、实验目的

1. 掌握 *RLC* 串联电路的阻抗特性。

2. 学习用 Multisim 软件测量 *RLC* 串联电路的频率特性。

3. 理解 *RLC* 串联电路中电压与电流的相位关系随频率的变化规律。

4. 理解电路参数对品质因数 *Q* 的影响。

5. 了解滤波电路的频率特性。

6. 了解文氏电桥电路的结构特点，并用仿真软件测量其频率特性。

二、实验任务

（一）基本实验任务

1. 用 Multisim 软件建立电路，测量 *RLC* 串联电路的阻抗特性。

2. 用 Multisim 软件建立电路，测量 *RLC* 串联电路的谐振特性。

3. 观察 *RLC* 串联电路在呈现容性、纯阻性、感性时电流与电压的相位关系。

（二）扩展实验任务

1. 利用波特图仪观察 *RC* 滤波电路的幅频特性和相频特性。

2. 测量文氏电桥选频网络的幅频特性。

三、基本实验条件

1. 计算机   1 台

2. Multisim 仿真软件   1 套

四、实验原理

（一）基本实验任务

1. *RLC* 串联电路总阻抗的频率特性

RLC 串联电路如图 4.9.1 所示。

感抗 $X_L = \omega L = 2\pi f L$

容抗 $X_C = \dfrac{1}{\omega C} = \dfrac{1}{2\pi f C}$

阻抗 $Z = R + \mathrm{j}(X_L - X_C) = |Z| \angle \varphi$

阻抗模	$\mid Z \mid = \sqrt{R^2 + (X_L - X_C)^2}$
阻抗角	$\varphi = \arctan \dfrac{X_L - X_C}{R}$
电流相量	$\dot{I} = \dfrac{\dot{U}}{Z} = \dfrac{U \angle 0°}{\mid Z \mid \angle \varphi} = \dfrac{U}{\mid Z \mid} \angle -\varphi$

2. *RLC* 串联谐振电路的频率特性

如果 U、R、L、C 的大小保持不变，改变电流频率 f，则 X_L、X_C、$\mid Z \mid$、φ、I 等都将随着 f 的变化而变化，它们随频率变化的曲线为频率特性。阻抗和电流随频率变化的曲线如图 4.9.2 所示。

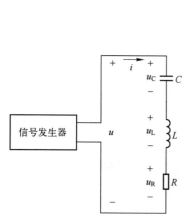

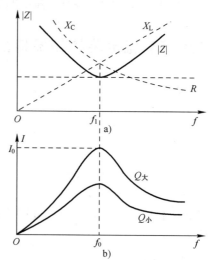

图 4.9.1   RLC 串联电路   图 4.9.2   阻抗和电流的频率特性曲线

随着频率的变化，当 $X_L > X_C$ 时，电路呈现感性，电压超前于电流；当 $X_L < X_C$ 时，电路呈现容性，电压滞后于电流；而当 $X_L = X_C$ 时，电路呈现阻性，此时频率为 $\omega_0 = \dfrac{1}{\sqrt{LC}}$，电路发生串联谐振。

串联谐振具有以下主要特征。

（1）串联谐振电路阻抗为 $\mid Z \mid = \sqrt{R^2 + (X_L - X_C)^2}$，*RLC* 串联电路产生谐振时，电路呈现电阻性，阻抗模最小，$\mid Z \mid = R$，阻抗随频率变化的曲线如图 4.9.2a 所示。

（2）串联谐振电路电流为 $I_0 = \dfrac{U}{R}$，*RLC* 串联电路产生谐振时，电源电压全部降在电阻上，当电源电压一定时，电路中电流最大。电流随频率变化的曲线如图 4.9.2b 所示。电阻 R 越小，电流就越大。

（3）品质因数为 $Q = \dfrac{U_L}{U} = \dfrac{U_C}{U} = \dfrac{\omega_0 L}{R} = \dfrac{1}{\omega_0 R C}$，应用中把谐振时电感电压 U_L 或电容电压 U_C 与电源电压 U 之比称为该电路的品质因数，简称 Q 值。*RLC* 串联电路产生谐振时，$\dot{U}_L = -\dot{U}_C$，$\dot{U} = \dot{U}_R$，$\dot{U}_L$ 与 $\dot{U}_C$ 大小相等，相位相反，互相抵消。此时，U_L 和 U_C 的数值可能高于电源电压

若干倍。R 值越小则 Q 值越大，谐振曲线越尖锐；R 值越大则 Q 值越小，谐振曲线越平坦。如图 4.9.3 所示。

（二）扩展实验任务

研究电路的频率特性，就是分析研究不同频率的信号作用于电路所产生的响应函数与激励函数的比值关系。在正弦稳态情况下，电路的传递函数为输出相量（响应）与输入相量（激励）之比。

$$H(\mathrm{j}\omega) = \frac{\dot{X}_0}{\dot{X}_I} = \frac{\text{响应}}{\text{激励}} = |H(\mathrm{j}\omega)| \angle \varphi(\omega)$$

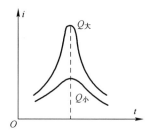

图 4.9.3 Q 与谐振曲线的关系

传递函数是频率的函数。传递函数的模也是频率的函数，反映了输出相量（响应）与输入相量（激励）的幅值关系，称为幅频特性；传递函数的相角也是频率的函数，反映了输出相量（响应）与输入相量（激励）的相位关系，称为相频特性。

1. 一阶 RC 低通电路的频率特性

利用容抗或感抗随频率而改变的特性，对不同频率的输入信号产生不同的响应，让需要的某一频带的信号顺利通过，而抑制不需要的其他频率的信号。

若电路允许频率 $f<f_0$ 的信号通过，阻止 $f>f_0$ 的信号通过，该电路称为低通滤波器，f_0 称为低通电路的截止频率。其电路结构如图 4.9.4 所示。传递函数为

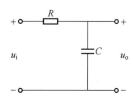

图 4.9.4 RC 低通滤波电路

$$H(\mathrm{j}\omega) = \frac{\dot{U}_0}{\dot{U}_I} = \frac{\frac{1}{\mathrm{j}\omega C}}{R + \frac{1}{\mathrm{j}\omega C}} = \frac{1}{1+\mathrm{j}\omega RC} = \frac{1}{\sqrt{1+\mathrm{j}\omega RC}} \angle -\arctan(\omega RC) = |H(\mathrm{j}\omega)| \angle \varphi(\omega)$$

幅频特性为 $|H(\mathrm{j}\omega)| = \dfrac{1}{\sqrt{1+\mathrm{j}\omega RC}}$。如图 4.9.5a 所示。

相频特性为 $\varphi(\omega) = \angle -\arctan(\omega RC)$。如图 4.9.5b 所示。

截止频率为 $f_0 = \dfrac{1}{2\pi RC}$，是对应幅值 $\dfrac{1}{\sqrt{2}} = 0.707$ 时的频率。

在实际应用中，通常用对数坐标画放大电路的频率特性，称为波特图。波特图横坐标轴刻度为 $\lg f$，幅频特性纵坐标轴刻度为 $20\lg|H|$，单位是分贝（dB）。所以，在截止频率 f_0 处，$|H|=0.707$，$20\lg|H|=-3\,\mathrm{dB}$。即在对数幅频特性中，$-3\,\mathrm{dB}$ 对应的频率为截止频率 f_0。

2. 一阶 RC 高通电路的频率特性

若电路允许频率 $f>f_0$ 的信号通过，阻止 $f<f_0$ 的信号通过，该电路称为高通滤波器，f_0 称为高通电路的截止频率。其电路结构如图 4.9.6 所示。传递函数为

$$H(\mathrm{j}\omega) = \frac{\dot{U}_0}{\dot{U}_I} = \frac{R}{R + \frac{1}{\mathrm{j}\omega C}} = \frac{1}{\sqrt{1+\left(\dfrac{1}{\omega RC}\right)^2}} \angle \arctan\left(\frac{1}{\omega RC}\right)$$

幅频特性为 $|H(\mathrm{j}\omega)| = \dfrac{1}{\sqrt{1+\dfrac{1}{\omega RC}}}$。如图 4.9.7a 所示。

相频特性为 $\varphi = \angle\arctan\left(\dfrac{1}{\omega RC}\right)$。如图 4.9.7b 所示。

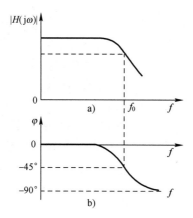

图 4.9.5　低通滤波电路的频率特性

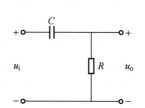

图 4.9.6　RC 高通滤波电路

截止频率 $f_0 = \dfrac{1}{2\pi RC}$，是对应幅值 $\dfrac{1}{\sqrt{2}} = 0.707$ 时的频率。同理，在对数幅频特性中，$-3\,\mathrm{dB}$ 对应的频率为截止频率 f_0。

3. 文氏电桥选频电路

如图 4.9.8 所示的 RC 的串、并联电路称为文氏电桥电路。该电路被广泛地用于低频振荡电路中的选频环节。

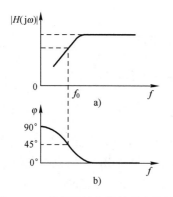

图 4.9.7　高通滤波电路的频率特性

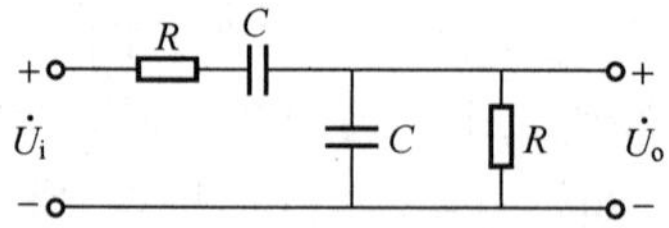

图 4.9.8　RC 文氏电桥选频电路

若电路的输入为 U_i，输出为 U_o，两者关系为

$$\frac{\dot{U}_\mathrm{o}}{\dot{U}_\mathrm{I}} = \frac{R/\!/\dfrac{1}{\mathrm{j}\omega C}}{R+\dfrac{1}{\mathrm{j}\omega C}+R/\!/\dfrac{1}{\mathrm{j}\omega C}} = \frac{1}{3+\mathrm{j}\left(\omega RC-\dfrac{1}{\omega RC}\right)}$$

其频率特性如图 4.9.11 所示。

当 $f_0 = \dfrac{1}{2\pi RC}$ 时电路产生谐振。输出电压与输入电压同相位，且输出电压最大，为输入电压的 1/3。如图 4.9.9 所示。

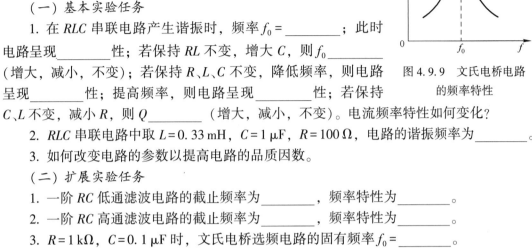

图 4.9.9　文氏电桥电路的频率特性

五、实验预习要求

（一）基本实验任务

1. 在 RLC 串联电路产生谐振时，频率 $f_0 =$ _____；此时电路呈现_____性；若保持 RL 不变，增大 C，则 f_0 _____（增大，减小，不变）；若保持 R、L、C 不变，降低频率，则电路呈现_____性；提高频率，则电路呈现_____性；若保持 C、L 不变，减小 R，则 Q _____（增大，减小，不变）。电流频率特性如何变化？

2. RLC 串联电路中取 $L = 0.33\ \text{mH}$，$C = 1\ \mu\text{F}$，$R = 100\ \Omega$，电路的谐振频率为_____。

3. 如何改变电路的参数以提高电路的品质因数。

（二）扩展实验任务

1. 一阶 RC 低通滤波电路的截止频率为_____，频率特性为_____。

2. 一阶 RC 高通滤波电路的截止频率为_____，频率特性为_____。

3. $R = 1\ \text{k}\Omega$，$C = 0.1\ \mu\text{F}$ 时，文氏电桥选频电路的固有频率 $f_0 =$ _____。

六、实验指导

（一）基本实验任务

1. RLC 串联电路阻抗特性研究

（1）建立 RLC 串联电路，$R = 300\ \Omega$，$X_L = 10\ \text{mH}$，$X_C = 0.01\ \mu\text{F}$。输入端接入函数信号发生器，设置函数信号发生器的信号为正弦波，如图 4.9.10 所示。

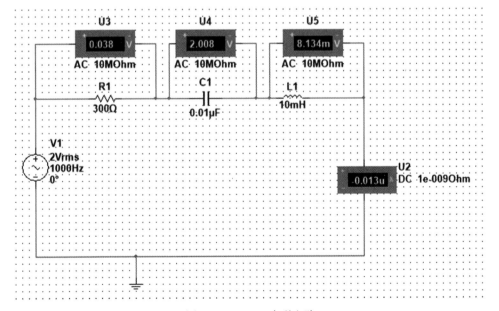

图 4.9.10　RLC 串联电路

（2）接通信号发生器电源，调节信号源，使输出电压的有效值为 2 V，频率为 1 kHz 的正弦信号，用交流毫伏表测电压大小。

（3）保持交流信号源的幅值不变，改变其频率（$1 \sim 20$ kHz），分别测量 R、L、C 上的电压、电流数值，并根据所测结果计算在不同频率下的电阻、感抗、容抗的数值，记录于表 4.9.1 中。研究电阻、容抗、感抗、电路总阻抗随频率变化的规律，并用描点法画出总阻抗模随频率变化曲线。

表 4.9.1　RLC 串联电路的阻抗特性

频率 f/kHz		1	2	5	10	20
I/mA						
R	U_R/V					
	$R = U_R/I_R$					
L	U_L/V					
	$X_L = U_L/I_L$					
C	U_C/V					
	$X_C = U_C/I_C$					
$|Z|$						

2. 测量 RLC 串联电路的谐振特性

（1）按图 4.9.10 接好线路。选定 RLC 的参数为：$L = 0.33$ mH，$C = 1 \mu F$，$R = 100 \Omega$；取加在电路两端的电压 $U = 2$ V。依次调节函数信号发生器的"输出信号频率调节"，每改变一次频率，同时调节信号发生器的"输出信号幅度调节"，以保证加在回路两端的电压 $U = 2$ V。记录频率 f 及电阻上的电压 U_R。

（2）连续改变信号发生器输出电压的频率，当 I 最大时，信号源输出电压的频率即为谐振频率 f_0。（参考预习报告中计算的谐振频率选择测试点）。

（3）确定谐振频率 f_0 后，使频率相对 f_0 分别增大和减小，取不同的频率点，用毫伏表分别测得对应的 U_R、U_L、U_C，并计算 Q 值，填入表 4.9.2 中。为使电流频率特性曲线中间突出部分的测绘更准确，可在 f_0 附近多取几个点。

（4）用示波器观察在不同频率下输入电压与电流的相位关系。（电阻上的电压波形即为电流波形）

（5）改变电阻值 $R = 20 \Omega$，重复实验步骤（1）和（2），观察品质因数的变化。数据填入表 4.9.3。

表 4.9.2　数据记录与计算

$U = 2$ V	$R =$ 　Ω	$L =$ 　H	$C =$ 　F	$f_0 =$ 　Hz	$Q =$	$I_0 =$ 　mA
f/Hz						
U_R/V						
U_L/V						
U_C/V						
计算 I/mA						

表 4.9.3　数据记录与计算

$U=2\ \mathrm{V}$	$R=\quad\Omega$	$L=\quad\mathrm{H}$	$C=\quad\mathrm{F}$	$f_0=\quad\mathrm{Hz}$	$Q=$	$I_0=\quad\mathrm{mA}$
f/Hz						
U_R/V						
U_L/V						
U_C/V						
计算 I/mA						

（二）扩展实验内容及步骤

1. RC 一阶低通滤波电路频率特性研究

（1）建立如图 4.9.11 所示电路。输入信号取信号源库中的交流电压源，双击图标，将其电压设置为 1 V，频率设置为 1 kHz。波特仪（Bode Plotter）从仪器库中调用。

（2）测试电路的截止频率 f_0。

双击波特仪图标，展开波特仪面板。按下幅频特性测量选择按钮（MAGNITUDE）；垂直坐标（VERTICAL）的坐标类型选择为线性（LOG），其起始值（I）、终止值（F）即幅度量程设定分别设置为 -20 和 0，水平坐标（HORIZONTAL）的坐标类型选择为对数（LOG）。

启动仿真程序，得到幅频特性曲线，如图 4.9.12 所示。单击波特仪读数游标移动按钮 ←或者→或者直接拖动读数游标，使游标与曲线交点处垂直坐标的读数非常接近 -3 dB（0.707），此交点处水平坐标的读数即为截止频率 f_0 的数值。

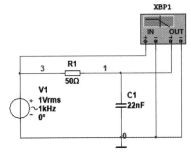

图 4.9.11　低通滤波电路

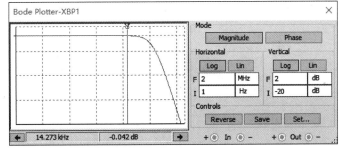

图 4.9.12　低通滤波电路幅频特性曲线

按下相频特性选择按钮，垂直坐标的起始值（I）、终止值（F）即相位角（φ）量程设定分别设置为 -90 和 0。重新启动仿真程序，得到相频特性曲线如图 4.9.13 所示。截止频率 f_0 处的相位移应为 45°。

（3）分别测试 $0.01f_0$、$0.1f_0$、$10f_0$、$100f_0$ 点所对应的 $|H(\mathrm{j}\omega)|$ 和 φ 的值，记录于表 4.9.4 中。

表 4.9.4　低通滤波电路的频率特性

f	$0.01f_0$	$0.1f_0$	f_0	$10f_0$	$100f_0$
$|H(\mathrm{j}\omega)|$					
φ					

2. *RC* 一阶高通滤波电路频率特性研究

（1）建立如图 4.9.14 所示高通滤波电路。

（2）测试电路的截止频率 f_0。测试步骤与 *RC* 一阶低通滤波电路频率特性实验中的步骤（2）相同。

（3）分别测试 $0.01f_0$、$0.1f_0$、$10f_0$、$100f_0$ 点所对应的 $|H(j\omega)|$ 和 φ 的值。测试步骤与 *RC* 一阶低通滤波电路频率特性实验中的步骤（3）相同。

（4）自行设计表格，填写测试数据。

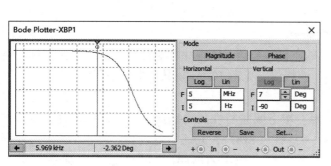

图 4.9.13 低通滤波电路相频特性曲线

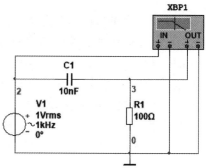

图 4.9.14 高通滤波电路

3. 测量文氏电桥选频网络的幅频特性

（1）按图 4.9.15 接线，取 $R = 1.5\,\mathrm{k\Omega}$，$C = 10\,\mathrm{nF}$。

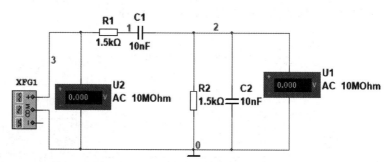

图 4.9.15 文氏电桥选频电路的测量电路

（2）调节信号源输出电压为 3 V 的正弦信号，改变信号源的频率 f，并保持 $U_\mathrm{i} = 3\,\mathrm{V}$ 不变，测量输出电压 U_0 数据填入表 4.9.5。

（3）取 $R = 200\,\Omega$，$C = 2.2\,\mathrm{\mu F}$，重复上述测量。

表 4.9.5　文氏电桥选频电路的幅频特性

$\begin{array}{c}R = 1.5\,\mathrm{k\Omega}\\ C = 10\,\mathrm{nF}\end{array}$	f/Hz			f_0		
	U_0/V					
$\begin{array}{c}R = 200\,\Omega\\ C = 2.2\,\mathrm{\mu F}\end{array}$	f/Hz			f_0		
	U_0/V					

七、实验注意事项

1. 建立电路时，电路公共参考端应与从信号源库中调出的接地图标相连。

2. 测量过程中由于参考方向的选定，应注意确定实际测量值的正、负号。

3. 与实际电路的测试一样，要注意电路与仪器的共地。

4. 实验前应根据所选元件数值，从理论上计算出截止频率（或谐振频率）f_0，以便和测量值加以比较。

5. 使用虚拟仪器进行仿真时，要正确设置仪器的参数。

6. 设计合适的表格记录仿真结果，以便分析。

八、实验报告要求

1. 根据测量数据，绘制出 R、L、C 元件的阻抗频率特性曲线。

2. 根据测量数据绘出 I 随 f 变化的关系曲线。

3. 计算出 Q 值，并说明 R 对 Q 值的影响。

4. 求出谐振频率。比较谐振时，U_L 与 U_C、U_R 与 U 是否分别相等？分析原因。

5. 填写滤波电路的测试表格，画出滤波电路的频率特性曲线。

6. 根据测量数据，绘制出文氏电桥选频电路的频率特性曲线，并分析其频率特性。

4.10 感性电路的测量及功率因数的提高

一、实验目的

1. 进一步熟悉荧光灯电路的工作原理。

2. 进一步理解交流电路中电压、电流的相量关系。

3. 学习感性负载电路提高功率因数的方法。

4. 学习交流电压表、电流表、功率表的使用。

5. 学习荧光灯电路中简单故障的排除方法。

二、实验任务

（一）基本实验任务

1. 正确连接荧光灯电路并学习测量荧光灯电路中的电压、电流和功率。

2. 选择合适的实验电路，采取正确的实验方法，提高感性负载电路的功率因数。

3. 学习荧光灯电路中的简单故障的排除方法。

（二）扩展实验任务

使用自耦调压器调节荧光灯的总电压为 160~220 V，总结荧光灯的功率与电源电压的关系。

三、基本实验条件

（一）仪器仪表

1. 交流电压表　　　　　　　　1 台

2. 交流电流表　　　　　　　　1 台

3. 单相功率表　　　　　　　　1 台

（或多功能电参数测试仪 1 台）

4. 自耦调压器　　　　　　　　1 个

（二）器材器件

1. 荧光灯电路板　　　　　　　1 套

2. 电流插孔   若干

3. 电容器   若干

四、实验原理

1. 荧光灯电路的组成及工作原理

荧光灯电路由荧光灯管、镇流器、启动器及开关组成，如图4.10.1所示。

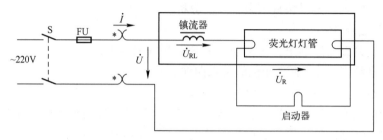

图 4.10.1 荧光灯电路

（1）荧光灯管

灯管是内壁涂有荧光粉的玻璃管，两端有钨丝，钨丝上涂有易发射电子的氧化物。玻璃管抽成真空后充入一定量的氩气和少量水银，氩气具有使灯管易发光和保护电极、延长灯管寿命的作用。工作时灯管可认为是电阻性负载。

（2）镇流器

镇流器是一个具有铁心的线圈。在荧光灯启动时，它和辉光启动器配合产生瞬间高压促使灯管导通，管壁荧光粉发光。灯管发光后镇流器在电路中起限流作用。工作时镇流器是电感性负载。

（3）启动器

启动器的外壳是用铝或塑料制成，壳内有一个充有氖气的小玻璃泡和一个纸质电容器，玻璃泡内有两个电极，其中弯曲的触片是由热膨胀系数不同的双金属片（冷态常开触头）制成。电容器的作用是避免启动器触片断开时产生的火花将触片烧坏，也防止管内气体放电时产生的电磁波辐射对收音机、电视机的干扰。

（4）荧光灯发光原理及启动过程

在图4.10.1中，当接通电源后，电源电压（220 V）全部加在启动器静触片和双金属片两级间，高压产生强电场使氖气放电（红色辉光），热量使双金属片伸直与静触片连接。电流经镇流器、灯管两端灯丝及辉光启动器构成通路。灯丝流过电流被加热（温度可达 800～1000℃）后产生热电子发射，释放大量电子，致使管内氩气电离，水银蒸发为水银蒸气，为灯管导通创造了条件。

由于启动器玻璃泡内两电极的接触，电场消失，使氖气停止放电，从而玻璃泡内温度下降，双金属片因冷却而恢复原来的状态，致使启辉电路断开。此时，由于镇流器中的电流突变，在镇流器两端产生一个很高的自感电动势，这个自感电动势和电源电压串联叠加后，加在灯管两端形成一个很强的电场，使管内水银蒸气产生弧光放电，工作电路在弧光放电时产生的紫外线激发了灯管壁上的荧光粉使灯管发光。在荧光灯进入正常工作状态后，由于镇流器的作用，加在启动器两级间的电压远小于电源电压，启动器不再产生辉光放电，即处于冷态常开状态，而荧光灯处于正常工作状态。

2. 感性负载并联电容器改善电路的功率因数

荧光灯工作时，灯管可以认为是一电阻负载，镇流器可以认为是一个电感量较大的感性负载，两者串联构成一个 RL 串联电路。荧光灯工作时的整个电路可用图 4.10.2 等效串联电路来表示。因电路中所消耗的功率 $P=UI\cos\varphi$，故测出 P、U、I 后，即可求出电路的功率因数 $\cos\varphi$ 的数值。

功率因数的高低反映了电源容量利用率的大小。电路功率因数低，说明电源容量没有被充分利用。同时，无功电流在输电线路上造成无谓的损耗。因此，提高电路的功率因数是电力系统的重要课题。

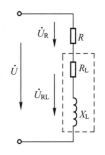

图 4.10.2　荧光灯
等效电路

功率因数较低时，可并联适当容量的电容器来提高电路的功率因数，并联了补偿电容器 C 以后，原来的感性负载取用的无功功率中的一部分，将由补偿电容提供，这样由电源提供的无功功率就减少了，电路的总电流 $\dot{I}$ 也会减小，从而使得感性电路的功率因数 $\cos\varphi$ 得到提高。当功率因数等于 1 时，电路产生并联谐振，此时电路的总电流最小。若并联电容容量过大，则产生过补偿。

3. 荧光灯的简单故障及排除

（1）灯管连续闪烁，周期性地时暗时亮。这种故障一般是启动器中氖管使用过久老化的结果，只要更换一只相同规格的启动器即可排除。

（2）灯管两端发红而不能跳亮，拿下启动器就能正常发光。这是启动器中小电容器被击穿造成，也可能是启动器中双金属片与静触片粘在一起不能复原，更换新启动器即可。

（3）接通电源后，启动器氖灯和灯管两端均不发红，若各元件都是好的，这种故障可能是断路或者接触不良（特别是灯管两端灯脚与灯座）造成的。轻轻旋动灯管、启动器，仔细检查接线是否断开或者接错，再检查电源，一般情况下故障可排除。

（4）如果在荧光灯点亮前辉光启动器损坏，可采取下面的应急措施点亮荧光灯。把辉光启动器的两个线头互相短接一下，见到灯管两端见红时迅速断离，如果没有启辉，则再次短接，一般在三五次内会点亮荧光灯。此方法适用于辉光启动器损坏的临时应急。

五、实验预习要求

1. 如图 4.10.3 所示电路。写出电路电流 $\dot{I}$ 与 $\dot{U}$、$\dot{U}_{RL}$、$\dot{U}_R$ 之间的关系式，并定性画出相量图。

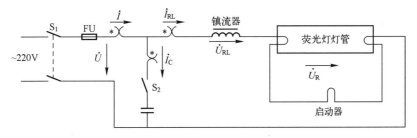

图 4.10.3　荧光灯并联电容电路

2. 为了改善电路的功率因数，常在感性负载两端并联电容器，若电容器大小合适（处于欠补偿）。回答下列各量的大小是否改变（增大还是减小）：总电流_____；总功率_____；总功率因数_____；镇流器电流_____；荧光灯电路功率_____；荧光灯电路功率因数_____；电容支路电流_____；灯管电压_____。

3. 提高功率因数，并联的电容是否越大越好？为什么？

4. 在 R、L 串联后与 C 并联的电路中，如何求 $\cos\varphi$ 值？

5. 荧光灯点亮后，辉光启动器还会有作用吗？

六、实验指导

（一）基本实验内容及步骤

1. 荧光灯电路并联电容前的测量

（1）按图 4.10.3 接好线路，断开 S_2，合上电源开关 S_1，接通电源，观察荧光灯的启动过程。

（2）测量荧光灯电路的端电压 U、灯管两端电压 U_R、镇流器两端电压 U_{RL}、电路电流 I，即荧光灯电流 I_{RL} 和电路总功率 P、荧光灯灯管功率 P_R 和镇流器功率 P_{RL}，并计算功率因数 $\cos\varphi$，将数据填入表 4.10.1。

表 4.10.1 荧光灯电路数据记录

U/V	U_R/V	U_{RL}/V	I/mA	P/W	P_R/W	P_{RL}/W	计算 $\cos\varphi$

2. 荧光灯电路并联电容后的测量

（1）合上开关 S_2，将荧光灯电路两端并联电容 C。逐渐加大电容量，每改变一次电容量，都要测量端电压 U、电路电流 I、荧光灯电流 I_{RL}、电容器电流 I_C 和电路总功率 P。将测量数据填入表 4.10.2。

表 4.10.2 感性负载并联电容数据记录

电容/μF	测量数据					计算
	U/V	I/mA	I_{RL}/mA	I_C/mA	P/W	$\cos\varphi$
1						
2						
3						
3.7						
4.7						
5.7						
6.7						

（2）在逐渐加大电容的过程中，总电流的变化规律是什么？

（二）扩展实验内容及步骤

1. 使用耦合变压器改变电源的电压，测量荧光灯的有功功率，将测量数据记录在表4.10.3中，并总结电源电压与荧光灯的有功功率之间的关系。

表4.10.3　荧光灯有功功率数据记录

电源电压/V	荧光灯的有功功率/W
160	
180	
200	
220	

2. 在改变电源电压的过程中，荧光灯的有功功率与电源电压之间的关系是什么？

七、实验注意事项

1. 本实验用交流市电 220 V，务必注意用电和人身安全。

2. 功率表要正确接入电路。

3. 线路接线正确，荧光灯不能启辉时，应检查灯管及辉光启动器接触是否良好。

4. 灯管一定要与镇流器串联后接到电源上，切勿将灯管直接接到 220 V 电源上。

5. 操作中要严格遵守先接线，后通电；先断电，后拆线的原则。

八、实验报告要求

1. 简述实验方案和步骤。

2. 记录原始实验数据和理论计算数据。

3. 由表 4.10.2 中计算出的功率因数 $\cos\varphi$ 值分析，使荧光灯电路功率因数改善效果最佳的电容器容量值为多少？

4. 画出并联电容 C（欠补偿）后 $\cos\varphi$ 值最大的一组数据的电流相量图，分析在感性负载并联适当电容后为何可以提高功率因数。

5. 并联电容前后测得 P 的大小不变，为什么？

6. 由实验说明提高功率因数有什么经济意义？

7. 总结本次实验情况，写出此次实验的心得体会，包括实验中遇到的问题的处理方法和结果。

4.11 三相正弦交流电路的研究

一、实验目的

1. 掌握三相负载做星形联结、三角形联结的方法。

2. 通过实验验证三相电路中相电压与线电压、相电流与线电流的关系。

3. 理解三相四线制电路中中线的作用。

4. 熟练掌握功率表的接线和使用方法。

5. 学习应用三表法和两表法测量三相电路的有功功率。

6. 学习相序的测量方法

二、实验任务

（一）基本实验任务

1. 测量三相四线制电源的相、线电压，记录测量结果。

2. 将三相负载连接成星形对称负载，测量电路中的各电压、电流值。

3. 分别用两表法和三表法测量星形对称负载的有功功率。

4. 将三相负载连接成星形不对称负载，分别测量在有中线和无中线两种情况下的电压、电流值。

5. 将三相负载连接成三角形对称负载，测量电路中的各电压、电流值；并分别用两表法和三表法测量三相负载的有功功率。

6. 将三相负载连接成三角形不对称负载，再次测量电路中的各电压、电流值；分别用两表法和三表法测量三相负载的有功功率。

（二）扩展实验任务

1. 设计相序指示器，分析相序指示器的工作原理。

2. 利用相序指示器测试三相电路的相序，记录实验现象，判断三相电源的相序。

三、基本实验条件

（一）仪器仪表

1. 交流电压表　　　　　　　　　1台

2. 交流电流表　　　　　　　　　1台

3. 单相功率表　　　　　　　　　1台

（或多功能电参数测量仪1台。）

（二）器材器件

1. 电流插孔　　　　　　　　　　6只

2. 白炽灯　　　　　　　　　　　若干

四、实验原理

（一）基本实验任务

1. 三相电源

星形联结的三相四线制电源的线电压和相电压都是对称的，其大小关系为 $U_L = \sqrt{3}\, U_p$，通常三相电源的电压值是指线电压的有效值。

2. 三相负载的连接

三相负载有星形和三角形两种连接方式。星形联结时，根据需要可以连接成三相三线制或三相四线制；三角形联结时只能用三相三线制供电。在电力供电系统中，电源一般均为对称，负载有对称负载和不对称负载两种情况。

（1）三相负载的星形联结：带中线时，不论负载是否对称，总满足以下关系：

$$U_P = \frac{U_L}{\sqrt{3}}, \quad I_L = I_P$$

无中线时，只有是对称负载时上述关系才成立。若不对称负载又无中线，上述电压关系不成立，即每相负载上的负载相电压不对称，因此负载做星形联结时中线不能任意断开。

（2）三相负载的三角形联结：负载做三角形联结时，不论负载是否对称，总满足 $U_L = U_P$。负载对称时电路中的电流满足 $I_L = \sqrt{3} I_P$；负载不对称时，上述电流关系不成立。

3. 三相功率的测量

根据电动式功率表的基本原理，在测量交流电路中负载上的功率时，其读数 P 决定于

$$P = UI\cos\varphi$$

式中，U 为加在功率表电压线圈上电压的有效值，I 为流过功率表电流线圈的电流有效值，φ 为 u、i 之间相位差。

若测量三相负载所消耗的总功率 P，可用功率表分别测量出每一相的功率，然后求其和，即 $P = P_1 + P_2 + P_3$。

此方法称为三表法，其测量电路如图 4.11.1 所示。若为对称负载，则可测其中一相功率再乘以 3 即为三相总功率。

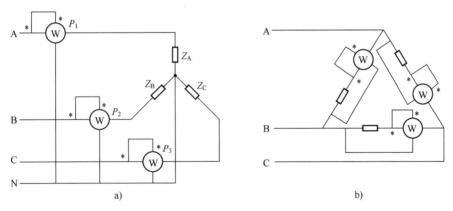

图 4.11.1　用三表法测量三相功率

而在三相三线制电路中，通常用两只功率表测量三相功率，此法称为两表法，其测量电路如图 4.11.2 所示。三相总功率为 $P = P_1 + P_2$。

用两表法测量三相功率时，应注意以下问题。

① 对于对称或不对称的三相三线制电路，一般用两表法测量。

② 两表法的接法：首先将功率表的电流线圈中带 * 端与电压线圈带 * 端（同名端）用一短路线连接，然后将两功率表的电流线圈分别串接于任意两相线上，两功率表的电压线圈的另一端（不带 * 端）则需同时接到没有接入电流线圈的相线上。

在对称三相电路中，两只功率表的读数与负载功率因数之间的关系如下。

① 负载为纯电阻时，两只功率表的读数相等。

② 负载的功率因数>0.5时，两只功率表的读数均为正。

③ 负载的功率因数=0.5时，某一只功率的读数为零。

④ 负载的功率因数<0.5时，某一只功率表的读数为负。

（二）扩展实验任务

三相电源相序的判断。

三相电源的相序A、B、C是相对的，表明了三相正弦交流电压依次达到最大值的顺序，其中任何一相均可作为A项，该相确定后，B相和C相也就确定了。

判断三相电源的相序可以采用图4.11.3所示的相序指示器电路，它是由一个电容和两个瓦数相同的白炽灯连接成的星形不对称三相电路。假定电容器所接的是A相，则灯光较亮的一相是B相，灯光较暗的一相是C相。

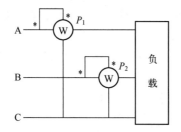 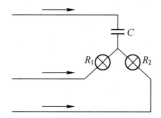

图4.11.2　用两表法测量三相功率　　图4.11.3　相序指示器电路

五、实验预习

（一）基本实验任务

1. 请将对称三相电路中电压与电流的关系填写在表4.11.1中。

表4.11.1　对称三相电路中电压与电流的关系

连 接 方 式	星 形 联 结	三角形联结
线电压与相电压的关系		
线电流与相电流的关系		

2. 三相负载根据什么条件做星形或三角形联结？

3. 对称负载做星形联结，无中线的情况下断开一相，其他两相将发生什么变化？能否长时间工作于此种状态？

4. 请写出三相对称负载有功功率、无功功率和视在功率的计算公式。

5. 使用两表法测量有功功率时，功率表的电压线圈上的电压为_____，电流线圈通过的电流是_____，使用三表法测量有功功率时，功率表的电压线圈上的电压为_____，电流线圈通过的电流是_____。

A. 线电压   B. 线电流   C. 相电压   D. 相电流

（二）扩展实验任务

图 4.11.3 所示的相序指示器，试分析在相电压对称的情况下，如何根据两个灯泡的亮度确定电源的相序。

六、实验指导

（一）基本实验内容及步骤

1. 三相电源

测量三相四线制电源的相、线电压，将测试结果填入表 4.11.2 中。

表 4.11.2   三相电源数据记录

项　　目	U_{AB}	U_{BC}	U_{CA}	U_A	U_B	U_C
380 V 电源						

2. 负载星形联结

（1）将灯泡负载做对称星形联结，按图 4.11.4 接好线路，检查无误后合上电源开关。

（2）对于图 4.11.4 所示的星形对称负载，保留中线，测量电路中的线电压、负载相电压、线电流和中线电流，将测量数据填入表 4.11.3 中。

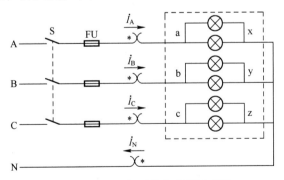

图 4.11.4   三相对称负载星形联结

（3）对于图 4.11.4 所示的星形对称负载，保留中线，用三表法测量负载总功率，功率表的接法如图 4.11.1a 所示，将测试数据填入表 4.11.4 中，并计算电路的总功率。

（4）对于图 4.11.4 所示的星形对称负载，断开中线，测量电路中的线电压、负载相电压和线电流，将测量数据填入表 4.11.3 中。

（5）对于图 4.11.4 所示的星形对称负载，断开中线，用两表法测量负载总功率，功率表的接法如图 4.11.2 所示，将测试数据填入表 4.11.4 中，根据测试数据计算电路的总功率，并与三表法的计算结果相比较。

（6）将灯泡负载做不对称星形联结，按图 4.11.5 所示的电路连接线路，检查无误后合上电源开关。测量不对称负载有中线和无中线两种情况下的电量。将测量得到的数据填入表 4.11.3 中。

表 4.11.3　负载星形联结数据记录

项目		线电压/V			负载相电压/V			线电流/mA			I_N/mA
		U_{AB}	U_{BC}	U_{CA}	U_{AN}	U_{BN}	U_{CN}	I_A	I_B	I_C	
对称负载	有中线										
	无中线										无
不对称负载	有中线										
	无中线										无

表 4.11.4　星形负载的功率测量

项　目			P_1/W	P_2/W	P_3/W	P_1/W	P_2/W	$P_总$/W
星形	对称	三表法				无	无	
		两表法	无	无	无			

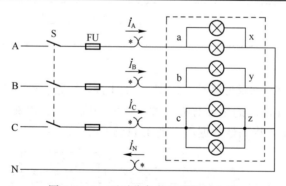

图 4.11.5　不对称负载星形联结电路

3. 负载三角形联结

（1）按图 4.11.6 所示的电路完成电路的接线，应注意电源线电压为 380V，因此每相负载中两灯泡应串联。

（2）测量对称负载时的线电压、线电流和相电流，将测量得到的数据填在表 4.11.5 中。

（3）分别用三表法和两表法测三角形对称负载时电路的总功率，功率表的接法如图 4.11.1b 和 4.11.2 所示，将测试数据填入表 4.11.6 中，并计算电路的总功率。

（4）将 c、z 之间的灯泡去掉，如图 4.11.7 所示，测量不对称负载时的电量。将测量得到的数据填在表 4.11.5 中。

（5）分别用三表法和两表法测量三角形不对称负载时电路的总功率，将测试数据填入表 4.11.6 中，并计算电路的总功率。

表 4.11.5　负载三角形联结数据记录

项　　目	线电压/V			线电流/mA			相电流/mA		
	U_{AB}	U_{BC}	U_{CA}	I_A	I_B	I_C	I_{AB}	I_{BC}	I_{CA}
对称负载									
不对称负载									

表 4.11.6　三角形负载的功率测量

项目			P_1/W	P_2/W	P_3/W	P_1/W	P_2/W	$P_总$/W
三角形	对称	三表法				无	无	
		两表法	无	无	无			
	不对称	三表法				无	无	
		两表法	无	无	无			

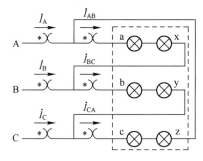 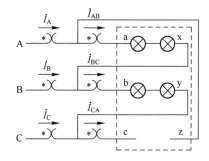

　　图 4.11.6　对称负载三角形联结　　　　图 4.11.7　不对称负载三角形联结

（二）扩展实验内容及步骤

相序指示器电路如图 4.11.8 所示，A 相负载为 4.7 μF 的电容器，B、C 相为相同瓦数的白炽灯。根据灯泡的亮度判断所接电源的相序。自拟实验表格，记录各相负载的相电压和电流；记录灯泡的亮度并判断电源的相序。

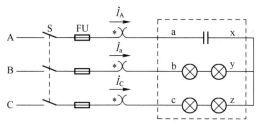

图 4.11.8　相序指标器

七、实验注意事项

1. 本实验采用三相交流电源，实验时应注意人身安全，不可触及导电部分，防止意外事故发生。

2. 每次接线完成，确认无误后方可接通电源，实验中必须严格遵守先接线后通电、先断电后拆线的安全实验操作规则。

3. 不对称负载连接成星形时，中线断开测量的时间不宜过长，测量完毕应立即断开电源或接通中线。

4. 中线上不应加熔断器。

5. 三相负载为白炽灯，额定电压为 220 V，当负载连接成三角形时，应注意电源电压仍然为 380 V，因此需将两灯泡串联。

6. 为了便于测量负载三角形联结时的线电流和相电流，在每相负载中及供电线路中应串入电流插口。

7. 三表法测量时，功率表的电压线圈加的是相电压，电流线圈通过的是相电流。

8. 两表法测量时，功率表的电压线圈加的是线电压，电流线圈通过的是线电流。且两次测量时，电压线圈应有一个公共端，该公共端应为没有测过电流的一根相线。

八、实验报告要求

1. 简述实验方案和步骤。

2. 记录原始实验数据和理论计算数据，完成数据表格中的计算。

3. 根据实测数据，验证三相负载在对称和不对称情况下，各相值与线值的关系，并与理论值相比较。

4. 对比用三表法测量三相总功率和用两表法测量三相总功率的结果。

5. 回答以下思考题。

（1）根据测试数据画出三相四线制，不对称负载星形联结时，相电压、线电压、线电流的相量图。

（2）说明中线的作用。在什么情况下必须有中线，在什么情况下可不要中线？

（3）两表法测量三相总功率时应注意哪些问题？

6. 总结本次实验情况，写出此次实验的心得体会，包括实验中遇到的问题的处理方法和结果。

4.12　二端口网络参数的测量

一、实验目的

1. 加深理解二端口网络的基本理论。

2. 掌握线性无源二端口网络参数的测量方法。

3. 验证二端口网络参数之间的关系。

二、实验任务

（一）基本实验任务

1. 选择合适的实验电路和器件参数，采取正确的实验方法测量二端口的 Y 参数。

2. 选择合适的实验电路和器件参数，采取正确的实验方法测量二端口的 Z 参数。

（二）扩展实验任务

1. 选择合适的实验电路和器件参数，采取正确的实验方法测量二端口的 T 参数。

2. 选择合适的实验电路和器件参数，采取正确的实验方法测量二端口的 H 参数。

三、基本实验条件

（一）仪器仪表

1. 单相调压器   1 块

2. 单相电量仪   1 块

（二）器材器件

1. 定值电阻   15 Ω

2. 电容   220 μF

3. 电感线圈   28 mH

四、实验原理

图 4.12.1 二端口网络模型

（一）基本实验任务

在工程实际中遇到的问题常涉及两对端子之间的关系，如变压器、滤波器、放大器等。对于图 4.12.1 所示的四端网络，一对端子 1-1′ 通常是输入端子，另一对端子 2-2′ 通常是输出端子。如果对任意时间 t，从端子 1 流入的电流等于从端子 1′ 流出的电流；同时从端子 2 流入的电流等于从端子 2′ 流出的电流，则这种四端网络就称为二端口。

通常可以采用 **Y**、**Z**、**T** 和 **H** 等参数矩阵来描述二端口电路，各组参数之间可以进行等效变换。

1. **Y** 参数矩阵

用 **Y** 参数描述线性二端口时，有以下关系：

$$\begin{bmatrix} \dot{I}_1 \\ \dot{I}_2 \end{bmatrix} = \begin{bmatrix} Y_{11} & Y_{12} \\ Y_{21} & Y_{22} \end{bmatrix} \begin{bmatrix} \dot{U}_1 \\ \dot{U}_2 \end{bmatrix} \tag{4-12-1}$$

式中，$\boldsymbol{Y} = \begin{bmatrix} Y_{11} & Y_{12} \\ Y_{21} & Y_{22} \end{bmatrix}$，称为二端口的 **Y** 参数矩阵。

如果端口 1-1′ 外加电压 $\dot{U}_1$，而端口 2-2′ 短路，可得

$$Y_{11} = \frac{\dot{I}_1}{\dot{U}_1} \bigg|_{\dot{U}_2=0} \tag{4-12-2}$$

$$Y_{21} = \frac{\dot{I}_2}{\dot{U}_1} \bigg|_{\dot{U}_2=0} \tag{4-12-3}$$

如果端口 2-2′ 外加电压 $\dot{U}_2$，而端口 1-1′ 短路，可得

$$Y_{12} = \frac{\dot{I}_1}{\dot{U}_2} \bigg|_{\dot{U}_1=0} \tag{4-12-4}$$

$$Y_{22} = \frac{\dot{I}_2}{\dot{U}_2} \bigg|_{\dot{U}_1=0} \tag{4-12-5}$$

以上 4 个参数中只有 3 个是独立的，对于线性 RLC 元件构成的二端口网络，有

$$Y_{12} = Y_{21} \tag{4-12-6}$$

2. **Z** 参数矩阵

用 **Z** 参数描述线性二端口时，有以下关系：

$$\begin{bmatrix} \dot{U}_1 \\ \dot{U}_2 \end{bmatrix} = \begin{bmatrix} Z_{11} & Z_{12} \\ Z_{21} & Z_{22} \end{bmatrix} \begin{bmatrix} \dot{I}_1 \\ \dot{I}_2 \end{bmatrix} \tag{4-12-7}$$

式中，$\mathbf{Z} = \begin{bmatrix} Z_{11} & Z_{12} \\ Z_{21} & Z_{22} \end{bmatrix}$，称为二端口的 **Z** 参数矩阵。

如果端口 1-1′外加电流 $\dot{I}_1$，而端口 2-2′开路，可得

$$Z_{11} = \left. \frac{\dot{U}_1}{\dot{I}_1} \right|_{\dot{I}_2=0} \tag{4-12-8}$$

$$Z_{21} = \left. \frac{\dot{U}_2}{\dot{I}_1} \right|_{\dot{I}_2=0} \tag{4-12-9}$$

如果端口 2-2′外加电流 $\dot{I}_2$，而端口 1-1′开路，可得

$$Z_{12} = \left. \frac{\dot{U}_1}{\dot{I}_2} \right|_{\dot{I}_1=0} \tag{4-12-10}$$

$$Z_{22} = \left. \frac{\dot{U}_2}{\dot{I}_2} \right|_{\dot{I}_1=0} \tag{4-12-11}$$

以上 4 个参数中只有 3 个是独立的，对于线性 RLC 元件构成的二端口网络，有

$$Z_{12} = Z_{21} \tag{4-12-12}$$

（二）扩展实验任务

1. **T** 参数矩阵

用 **T** 参数描述线性二端口时，有以下关系：

$$\begin{bmatrix} \dot{U}_1 \\ \dot{I}_1 \end{bmatrix} = \begin{bmatrix} A & B \\ C & D \end{bmatrix} \begin{bmatrix} \dot{U}_2 \\ -\dot{I}_2 \end{bmatrix} \tag{4-12-13}$$

式中，$\mathbf{T} = \begin{bmatrix} A & B \\ C & D \end{bmatrix}$，称为二端口的 **T** 参数矩阵。

当端口 2-2′开路时，可得

$$A = \left. \frac{\dot{U}_1}{\dot{U}_2} \right|_{\dot{I}_2=0} \tag{4-12-14}$$

$$C = \left. \frac{\dot{I}_1}{\dot{U}_2} \right|_{\dot{I}_2=0} \tag{4-12-15}$$

当端口 2-2′短路时，可得

$$B = \left. \frac{\dot{U}_1}{-\dot{I}_2} \right|_{\dot{U}_2=0} \tag{4-12-16}$$

$$D = \frac{\dot{I}_1}{-\dot{I}_2}\bigg|_{\dot{U}_2=0} \tag{4-12-17}$$

以上 4 个参数中只有 3 个是独立的，对于线性 RLC 元件构成的二端口网络，有

$$AD - BC = 1 \tag{4-12-18}$$

2. H 参数矩阵

用 **H** 参数描述线性二端口时，有以下关系：

$$\begin{bmatrix} \dot{U}_1 \\ \dot{I}_2 \end{bmatrix} = \begin{bmatrix} H_{11} & H_{12} \\ H_{21} & H_{22} \end{bmatrix} \begin{bmatrix} \dot{I}_1 \\ \dot{I}_2 \end{bmatrix} \tag{4-12-19}$$

式中，$\boldsymbol{H} = \begin{bmatrix} H_{11} & H_{12} \\ H_{21} & H_{22} \end{bmatrix}$，称为二端口的 **H** 参数矩阵。

当端口 2-2′短路时，可得

$$H_{11} = \frac{\dot{U}_1}{\dot{I}_1}\bigg|_{\dot{U}_2=0} \tag{4-12-20}$$

$$H_{21} = \frac{\dot{I}_2}{\dot{I}_1}\bigg|_{\dot{U}_2=0} \tag{4-12-21}$$

当端口 1-1′开路时，可得

$$H_{12} = \frac{\dot{U}_1}{\dot{U}_2}\bigg|_{\dot{I}_1=0} \tag{4-12-22}$$

$$H_{22} = \frac{\dot{I}_2}{\dot{U}_2}\bigg|_{\dot{I}_1=0} \tag{4-12-23}$$

以上 4 个参数中只有 3 个是独立的，对于线性 RLC 元件构成的二端口网络，有

$$H_{12} = -H_{21} \tag{4-12-24}$$

五、实验预习要求

图 4.12.2 所示的二端口网络，已知电源的频率为 50 Hz，取 $R = 15\,\Omega$，$C = 220\,\mu\text{F}$，$L = 28\,\text{mH}$，分别计算图示电路的 **Z** 参数、**Y** 参数、**T** 参数和 **H** 参数。

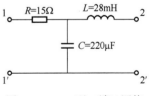

图 4.12.2 T 型二端口网络

六、实验指导

（一）**基本实验内容及步骤**

实验电路如图 4.12.2 所示，建议各元件参数的选择为：$R = 15\,\Omega$，$C = 220\,\mu\text{F}$，$L = 28\,\text{mH}$。为了便于测量电流，将输入端口和输出端口各串联一个电流测试插孔。

1. 测量 Y 参数

通过短路实验测量二端口的 **Y** 参数。

（1）连接电路如图4.12.3所示，将端口2短路，在端口1处加6V交流电，测量端口1处的电压U_1和电流I_1，端口2处的电流I_2，填入表4.12.1中。

由公式$Y_{11}=\dfrac{\dot{I}_1}{\dot{U}_1}\bigg|_{\dot{U}_2=0}$计算$Y_{11}$，由公式$Y_{21}=\dfrac{\dot{I}_2}{\dot{U}_1}\bigg|_{\dot{U}_2=0}$计算$Y_{21}$，填入表4.12.1中。

（2）连接电路如图4.12.4所示，将端口1短路，在端口2处加6V交流电，测量端口1处的电流I_1和端口2处的电压U_2、I_2，填入表4.12.1中。

由公式$Y_{12}=\dfrac{\dot{I}_1}{\dot{U}_2}\bigg|_{\dot{U}_1=0}$计算$Y_{12}$，由公式$Y_{22}=\dfrac{\dot{I}_2}{\dot{U}_2}\bigg|_{\dot{U}_1=0}$计算$Y_{22}$，填入表4.12.1中。

表4.12.1　Y参数测试数据

$U_2=0\,\text{V}$					$U_1=0\,\text{V}$				
U_1/V	I_1/mA	I_2/mA	Y_{11}/S	Y_{21}/S	U_2/V	I_1/mA	I_2/mA	Y_{12}/S	Y_{22}/S

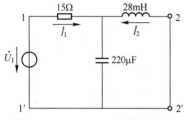 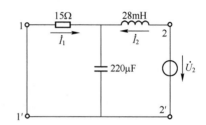

图4.12.3　Y_{11}，Y_{21}参数的测量　　　　图4.12.4　Y_{12}，Y_{22}参数的测量

2. 测试Z参数

通过开路实验测量二端口的Z参数。

（1）连接电路如图4.12.5所示，将端口2开路，在端口1处加6V交流电，测量端口1处的电压U_1和电流I_1，端口2处的电压U_2，填入表4.12.2中。

由公式$Z_{11}=\dfrac{\dot{U}_1}{\dot{I}_1}\bigg|_{\dot{I}_2=0}$计算$Z_{11}$；由公式$Z_{21}=\dfrac{\dot{U}_2}{\dot{I}_1}\bigg|_{\dot{I}_2=0}$计算$Z_{21}$，填入表4.12.2中。

（2）连接电路如图4.12.6所示，将端口1开路，在端口2处加6V交流电，测量端口1处的电压U_1，端口2处的电压U_2和电流I_2，填入表4.12.2中，由公式$Z_{12}=\dfrac{\dot{U}_1}{\dot{I}_2}\bigg|_{\dot{I}_1=0}$计算

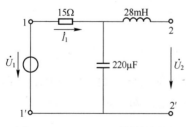 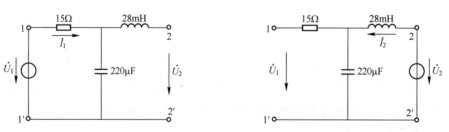

图4.12.5　Z_{11}，Z_{21}参数的测量　　　　图4.12.6　Z_{12}，Z_{22}参数的测量

Z_{12}，$Z_{22} = \dfrac{\dot{U}_2}{\dot{I}_2}\bigg|_{\dot{I}_1=0}$ 计算 Z_{22}，填入表4.12.2中。

表 4.12.2　Z 参数测试数据

$I_2 = 0\,\text{mA}$					$I_1 = 0\,\text{mA}$				
U_1/V	I_1/mA	U_2/V	Z_{11}/Ω	Z_{21}/Ω	U_1/V	U_2/V	I_2/mA	Z_{12}/Ω	Z_{22}/Ω

（二）扩展实验内容及步骤

1. 测试 *T* 参数

（1）按照图4.12.2所示的电路，完成线路的连接。

（2）将端口2-2′开路，端口1-1′接通电源 $\dot{U}_1$，测量端口2的电压 U_2 和端口1的电流 I_1，将测量结果填入表4.12.3中。

（3）按照式（4-12-14）和式（4-12-15）计算 *A* 和 *C*，填入表4.12.3中。

（4）将端口2-2′短路，端口1-1′接通电源 $\dot{U}_1$，测量端口1的电流 I_1 和端口2的电流 I_2，将测量结果填入表4.12.3中。

（5）按照式（4-12-16）和式（4-12-17）计算 *B* 和 *D*，填入表4.12.3中。

（6）将测试数据与理论数据相比较，验证式（4-12-18）。

表 4.12.3　T 参数测试数据

$I_2 = 0\,\text{mA}$					$U_2 = 0\,\text{V}$				
I_1/mA	U_2/V	U_1/V	A	C/S	I_1/mA	U_1/V	I_2/mA	B/Ω	D

2. 测试 *H* 参数

（1）按照图4.12.2所示的电路，完成线路的连接。

（2）将端口2-2′短路，端口1-1′接入电压源 $\dot{U}_1$，测量端口1的电压 U_1、电流 I_1 和端口2的电流 I_2，将测量结果填入表4.12.4中。

（3）按照式（4-12-20）和式（4-12-21）计算 H_{11} 和 H_{21}，填入表4.12.4中。

（4）将端口1-1′开路，端口2-2′接入电压源 $\dot{U}_2$，测量端口1的电压 U_1 和端口2的电流 I_2，将测量结果填入表4.12.4中。

（5）按照式（4-12-22）和式（4-12-23）计算 H_{12} 和 H_{22}，填入表4.12.2中。

（6）将测试数据与理论数据相比较，验证式（4-12-24）。

表 4.12.4　H 参数测试数据

$U_2 = 0\,\text{V}$					$I_1 = 0\,\text{mA}$				
U_1/V	I_1/mA	I_2/mA	H_{11}/Ω	H_{21}	U_1/V	I_2/mA	U_2/V	H_{12}	H_{22}/S

七、实验注意事项

1. 测量各支路电流时，应注意选定的参考方向及电流表的极性（电流插口盒的极性），正确记录测量结果的"＋""－"。

2. 在测量不同的电量时，应根据预习中计算的电压和电流值，选择合适的仪表量程。

3. 电路改接时，一定要关闭电源。

八、实验报告要求

1. 简述实验方案和步骤。

2. 记录原始实验数据和理论计算数据，完成数据表格中的计算。

3. 依据实验结果，进行分析比较二端口参数之间的关系。

4. 总结本次实验情况，写出此次实验的心得体会，包括实验中遇到的问题的处理方法和结果。

4.13 互感电路实验

一、实验目的

1. 加深对自感和互感电路理论知识的理解。

2. 理解互感电路中的互感系数 M，自感系数 L_1、L_2 以及耦合系数 k 的物理意义。

3. 学会用实验方法测定互感电路的同名端、互感系数、自感系数及耦合系数。

4. 改变两个线圈相对位置，观察对互感的影响。

二、实验任务

（一）基本实验任务

1. 分别用直流法和交流法测量互感线圈的同名端。

2. 测量互感线圈的互感系数 M。

3. 测量互感线圈的自感系数 L_1、L_2。

4. 计算耦合电感的耦合系数 k。

（二）扩展实验任务

1. 观察改变互感线圈的相对位置对互感的影响。

2. 学习互感电路中反射阻抗的求解。

三、基本实验条件

（一）仪器仪表

1. 直流稳压电源	1 台
2. 单相电量仪	1 块
3. 毫安表	1 台
4. 单相自耦调压器	1 台
5. 万用表	1 台

（二）器材器件

1. 互感耦合线圈	1 对
2. U 型铁心	1 个

3. 定值电阻　　　　　　　　若干

4. 发光二极管　　　　　　　1个

5. 电容　　　　　　　　　　1个

四、实验原理

（一）基本实验任务

1. 判断互感线圈同名端的方法

（1）直流法。

电路如图 4.13.1 所示，将线圈 N_1 与直流电源 U 相接，线圈 N_2 与毫安表相接，当开关 S 闭合瞬间，线圈 N_1 和 N_2 分别产生感应电动势 e_{L1} 和 e_{L2}，因为 $\dfrac{di_1}{dt}>0$，故 $e_{L1}=-L_1\dfrac{di_1}{dt}<0$，$e_{L1}$ 的实际方向与参考方向相反，即"1"端为 N_1 的"+"极，"2"端为 L_1 的"–"极。若此时与 N_2 相连的毫安表的指针正偏，则可断定"1""3"为同名端；若毫安表的指针反偏，则"1""4"为同名端。

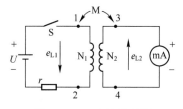

图 4.13.1　直流法判断
互感线圈的同名端

（2）交流法。

电路如图 4.13.2a 所示，将两个线圈 N_1 和 N_2 的 2、4 端串联在一起，在 1、3 端加交流电压 u_s，测量电流 i_1。电路如图 4.13.2b 所示，再将两个绕组 N_1 和 N_2 的 2、3 端连再一次，1、4 端加交流电压 u_s，测量电流 i_2。比较 i_1 和 i_2 的大小，如果 $i_1>i_2$，说明图 4.13.2a 为反串，图 4.13.2b 为正串，则 1、3 为同名端；反之，说明图 4.13.2a 为正串，图 4.13.2b 为反串，则 1、4 为同名端。

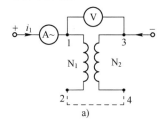
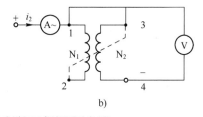

a)　　　　　　　　　　　　　　　b)

图 4.13.2　交流法判断互感线圈同名端

2. 两线圈互感系数 M 的测定

方法 1：开路法测互感系数。

在图 4.13.3 的 N_1 侧施加低压交流电 u_1，N_2 开路。测出 I_1 及 U_2。根据互感电动势 $E_{2M}\approx U_{20}=\omega MI_1$，可算得互感系数为

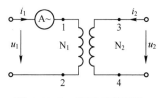

图 4.13.3　测量互感系数、
自感系数和耦合系数

$$M=\frac{U_2}{\omega I_1} \qquad (4-13-1)$$

方法 2：顺串反串法测量互感系数。

如图 4.13.2 所示，将两个线圈 N_1 和 N_2 顺向串联一次，得到

$$\dot{U}=(R_1+R_2)\dot{I}+j\omega(L_1+L_2+2M)\dot{I} \qquad (4-13-2)$$

$$L_{顺串}=(L_1+L_2+2M)=\frac{U}{I\omega}\sin\varphi_{顺串} \qquad (4-13-3)$$

$\varphi_{顺串}$ 为顺串的阻抗角。

反串向串联一次，得到

$$\dot{U} = (R_1 + R_2)\dot{I} + j\omega(L_1 + L_2 - 2M)\dot{I} \tag{4-13-4}$$

因为

$$|Z| = \frac{U}{I}, \ Z = |Z|\cos\varphi + j|Z|\sin\varphi$$

所以

$$L_{反串} = (L_1 + L_2 - 2M) = \frac{U}{I\omega}\sin\varphi_{反串} \tag{4-13-5}$$

$$M = \frac{L_{顺串} - L_{反串}}{4} \tag{4-13-6}$$

3. 自感系数 L_1、L_2 的测定

用开路法测自感系数。在图 4.13.4a 的 N_1 侧施加低压交流电 U_1，N_2 开路，测出 I_1 及 U_1。

$$\dot{U}_1 = R_1\dot{I}_1 + j\omega L_1\dot{I}_1 + j\omega M\dot{I}_2 \tag{4-13-7}$$

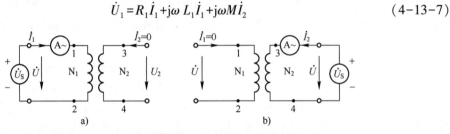

图 4.13.4　测量互感系数、自感系数和耦合系数

N_2 开路，所以 $\dot{I}_2 = 0$，故 $\dot{U}_1 = R_1\dot{I}_1 + j\omega L_1\dot{I}_1$

则自感系数为

$$L_1 = \frac{U_1}{I_1\omega}\sin\varphi_1 \tag{4-13-8}$$

反之，在图 4.13.3 的 N_2 侧施加低压交流电 u_2，N_1 开路。测出 I_2 及 U_2。则自感系数为

$$L_2 = \frac{U_2}{I_2\omega}\sin\varphi_2 \tag{4-13-9}$$

4. 耦合系数 k 的计算

两个互感线圈耦合的程度可以用耦合系数 k 来表示

$$k = M/\sqrt{L_1 L_2} \tag{4-13-10}$$

（二）扩展实验任务

1. 改变线圈的相对位置，观察互感线圈的耦合程度。

2. 学习反射阻抗的测量。

五、实验预习要求

1. 图 4.13.1 所示的电路，用直流法判断同名端时，可否利用开关断开的瞬间，毫安表的指针偏转来判断同名端？如果可以，如何判断？

2. 互感系数与交流信号的频率 f 有怎样的函数关系？

3. 写出用相位法计算线圈自感的公式。

六、实验指导

（一）基本实验内容及步骤

1. 判断互感线圈同名端

（1）直流法。

① 实验线路如图 4.13.1 所示。先将 N_1 和 N_2 两线圈的四个接线端子以 1、2 和 3、4 编号。

② U 为可调直流稳压电源，调至 10 V，为使流过 N_1 侧的电流不超过 0.4 A（选用 5 A 量程的数字电流表），建议电阻的参数为 30 Ω/8 W。

③ 在 N_2 侧接入 2 mA 量程的毫安表。

④ 将 S 闭合的瞬间，观察毫安表读数正、负的变化，将观察的结果填入表 4.13.1 中。（或者在 N_2 的两个接线端子 3、4 间接入发光二极管，观察二极管是否发光判断 3、4 端子的正负。）

⑤ 判断 N_1 和 N_2 两个线圈的同名端，将结论填入表 4.13.1 中。

（2）交流法。

用交流法测量互感同名端的方法如图 4.13.2 所示，互感线圈的 N_1 端的电压接入单相调压器的输出端口，$U = 6$ V。

① 先将 N_1 和 N_2 两线圈的四个接线端子以 1、2 和 3、4 编号。

② 按照图 4.13.2a 连接电路，A 为交流电流表，2、4 端接在一起。

③ 用功率表分别测量 U_{13}、I_1，将测量数据填入表 4.13.1 中。

④ 按照图 4.13.2b 断开 2、4，连接 2、3 端分别测量 U_{14}、I_2，将测量数据填入表 4.13.1 中。

⑤ 根据测试数据比较 I_1 和 I_2 判定互感线圈的同名端。

表 4.13.1 判断互感线圈的同名端

直 流 法		交 流 法				结 论
$U_1 = 6$ V	S 闭合瞬间	结论	N_2 侧开路		N_1 侧开路		1 与 3 是同名端填 1；异名端填 2
		1 与 3	U_{13}	I_1	U_{14}	I_2	
I_2 的变化							

2. 开路法测量互感线圈的自感系数和互感系数

（1）按照图 4.13.4a 连接电路，在 N_1 侧加 6 V 的交流电压，N_2 侧开路。

（2）分别测量 U_1、I_1、U_2、φ_1，填入表 4.13.2 中。

（3）根据式（4-13-1）计算互感系数 M_{21}，根据式（4-13-7）计算互感系数 L_1，填入表 4.13.2 中。

（4）按照图 4.13.4b 连接电路，在 N_2 侧加 6 V 的交流电压，N_1 侧开路。

（5）分别测量 U_1'、I_2'、'、φ_2，填入表 4.13.2 中，计算互感系数 M_{12}，L_2，填入表 4.13.2 中。

表 4.13.2　自感系数和互感系数的测量

N2 侧开路（测量值）				计算值		N1 侧开路（测量值）				计算值	
U_1/V	I_1/mA	$\varphi_1(°)$	U_2/V	M_{21}	L_1	U_1'/V	I_2'/mA	$\varphi_2(°)$	U_2'/V	M_{12}	L_2

3. 顺串反串法测量等效电感系数和互感系数

（1）按照图 4.13.2a 连接电路，2、4 端接在一起。

（2）用功率表分别测量 U_{13}、I_1 和 φ，将测量数据填入表 4.13.3 中。

（3）断开 2、4，按照图 4.13.2b 连接电路，分别测量 U_{14}、I_2 和 φ，并判断 I_1 和 I_2 大小，电流大的是反向串联，电流小的是顺向串联。将测量数据填入表 4.13.3 中合适的位置。

（4）根据测试数据和式（4-13-3）、式（4-13-5）和式（4-13-6）计算等效电感系数和互感系数。

表 4.13.3　自感系数和互感系数的测量

顺向串联			反向串联			计　算　值		
U/V	I/mA	φ（°）	U/V	I/mA	φ（°）	$L_{顺串}$	$L_{反串}$	M

4. 计算互感线圈的耦合系数

根据式（4-13-9）计算互感线圈的耦合系数，填写在表 4.13.4 中。

表 4.13.4　耦合线圈的耦合系数

L_1	L_2	M	k

（二）扩展实验内容及步骤

1. 观察用不同的材料做铁心时对互感的影响

（1）按照图 4.13.6 连接电路，拆去 2、4 间连线。在 L_2 侧接入 LED 发光二极管与 510 Ω 电阻串联的支路。

（2）将铁棒慢慢地从两线圈中抽出和插入，观察 LED 亮度的变化及各电表的读数变化，自拟表格记录实验现象。

2. 观察改变互感线圈的相对位置时对互感的影响

（1）按照图 4.13.6 连接电路，拆去 2、4 间连线。在 L_2 侧接入 LED 发光二极管与 510 Ω 电阻串联的支路。

（2）改变线圈的位置及间距，观察 LED 亮度的变化及各电表的读数变化。自拟表格记录实验现象。

3. 反射阻抗的计算

按图 4.13.4 连接电路，分别测量线圈 L_2 在空载及电阻和电容负载下的电压、电流和相角 U_1、I_1 和 Φ_1，填入表 4.13.5 中，计算不同负载下的入端阻抗，同时计算反射电阻和反射电抗。

表 4.13.5 反射阻抗的测量数据

	测 量 值			计 算 值		
	U_1	I_1	Φ_1	Z_{in}	R'_1	X'_1
空载						
$R_L =$						
$C =$						

七、实验注意事项

1. 整个实验过程中,注意流过线圈 L_1 和线圈 L_2 的电流不得超过额定值。

2. 用直流电做实验时要注意线圈的发热情况,不能长时间在线圈中通以直流电。

3. 做交流实验前,首先要检查自耦调压器,要保证手柄置于零位,从零开始调节。

4. 做交流实验时,注意接在各线圈上的电压不得超过其额定电压。

八、实验报告要求

1. 简述实验方案和步骤。

2. 记录原始实验数据和理论计算数据,完成表格中数据的计算。

3. 总结互感线圈同名端、互感系数的实验测试方法。

4. 总结两个线圈相对位置的改变,以及用不同材料作线圈芯子时对互感的影响。

5. 总结本次实验情况,写出此次实验的心得体会,包括实验中遇到的问题的处理方法和结果。

4.14 变压器的应用

一、实验目的

1. 学习测量变压器的电压比。

2. 学习测定变压器的外特性。

3. 学习用实验的方法测定变压器绕组的同名端。

4. 掌握自耦变压器的使用。

5. 学习测量变压器的功率损耗。

二、实验任务

（一）基本实验任务

1. 观察自耦变压器的输出电压随着手柄转动时的变化情况,掌握自耦变压器的使用。

2. 在变压器空载的条件下,测量变压器的电压比。

3. 改变变压器的二次负载,测量一次侧和二次侧的电压电流参数,测定变压器的外特性。

4. 使用交流电压表法判断变压器绕组的同名端,记录测量数据,并说明判断依据。

（二）扩展实验任务

1. 利用变压器的空载电路估算变压器的铁损。

2. 利用变压器二次侧短路的实验估算变压器的铜损。

三、基本实验条件

（一）仪器仪表

1. 交流电压表   1 台

2. 交流电流表	1台
3. 万用表	1块
4. 单相功率表	1台

（二）器材器件

1. 自耦变压器	1台
2. 单相变压器	1台
3. 白炽灯	若干
4. 开关	若干

四、实验原理

（一）基本实验任务

1. 变压器的空载特性

在变压器一次侧加额定电压，二次侧开路的工作状态称为变压器的空载，变压器的电压比是在空载时测得的，电压比 $K = U_1/U_{20}$，其中 U_{20} 为二次侧空载时的电压。

变压器空载时，一次电压 U_1 与空载电流 I_0 的关系称为空载特性，其变化曲线和铁心的磁化曲线相似，如图 4.14.1 所示。空载特性可以反映变压器磁路的工作状态。磁路的最佳工作状态是空载电压等于额定电压时，工作点在空载特性曲线接近饱和而又没有达到饱和的拐点（边缘）处。如果工作点偏低，空载电流很小，磁路远离饱和状态，则可以适当减少铁心的截面积或者适当减少线圈匝数；如果工作点偏高，空载电流太大，则磁路已达到饱和状态，应适当增大铁心的截面积或者增加线圈匝数。

2. 变压器的外特性

变压器的一次、二次绕组都具有内阻抗，即使一次电压 U_1 数值不变，二次电压 U_2 也将随着负载电流 I_2 的变化而变化。当 U_1 一定，负载功率因数 $\cos\varphi_2$ 不变时，U_2 与 I_2 的关系就是变压器的外特性，其变化曲线如图 4.14.2 所示。对于电阻性和电感性的负载，U_2 随着 I_2 的增加而减小。

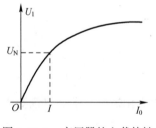

图 4.14.1　变压器的空载特性

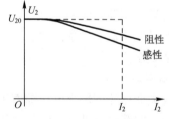

图 4.14.2　变压器的外特性

3. 变压器绕组的同极性端

使用变压器时，有时要注意绕组的正确连接。而正确连接的前提是必须判断出绕组的同极性端。通常在绕组上标以记号"＊"表示同极性端。同极性端的判断通常用直流法和交流法。

图 4.14.3 是直流法测定同极性端的电路。在 S 闭合瞬间，若电流（毫安）表正向偏转，则 1、3 端为同极性端。若电流表反偏，则 1、4 端为同极性端。

图 4.14.4 是交流法测定同极性端的电路。将两个绕组的任意两端（如 2 端、4 端）连在一起，在其中的一个绕组两端加一个交流电压，用交流电压表分别测出端电压 U_{13}、U_{12} 和

U_{34}。若 U_{13} 是两个绕组端电压之差，则 1、3 是同极性端；若 U_{13} 是两个绕组端电压之和，则 1、4 是同极性端。

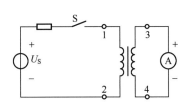 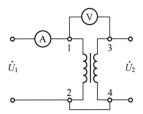

图 4.14.3　直流法测定同极性端　　　　图 4.14.4　交流法测定同极性端

（二）扩展实验任务

1. 变压器铁损的估算

变压器在空载的状态下的一次电流称为空载电流 I_0，变压器消耗的功率 P_0 称为空载损耗，性能良好的变压器在正常情况下的空载电流很小，$I_0 \approx (5\% \sim 12\%) I_e$，其中 I_e 为变压器（一次）额定工作电流，空载损耗为

$$P_0 = P_{Cu0} + P_{Fe} = I_0^2 R_1 + P_{Fe} \approx P_{Fe} \tag{4-14-1}$$

式中，P_{Cu0} 为变压器空载时的铜损；P_{Fe} 为变压器的铁损；R_1 为变压器空载时的一次绕组电阻。

由于 I_0 和 R_1 都非常小，可以认为空载损耗 P_0 就是铁心损耗 P_{Fe}。铁心损耗也称铁损，包括涡流损耗和磁滞损耗。

2. 变压器铜损的估算

变压器的铜损通过变压器的短路实验来测量，短路实验是将变压器二次侧短路，一次侧加非常低的电压，使二次电流达到额定值的情况下所进行的实验，实验中一次侧所加电压 U_K 称为阻抗电压，短路实验所测得的功率损耗 P_K 称为短路损耗。即

$$P_K = I_{1K}^2 R_1 + I_{2K}^2 R_2 + P_{FeK} \tag{4-14-2}$$

因为阻抗电压很低，铁心中的磁通密度远小于额定工作状态的磁通密度，故短路实验时的铁损很小，可以认为短路铁损就是变压器额定运行时的铜损耗，即

$$P_{Cu} \approx P_K \tag{4-14-3}$$

从变压器空载和短路实验测得的铁损和铜损可以求得变压器额定运行时的效率为

$$\eta = \frac{P_2}{P_2 + P_{Fe} + P_{Cu}} \times 100\% \tag{4-14-4}$$

五、实验预习要求

（一）基本实验任务

1. 说明变压器的空载特性和有载工作特性。

2. 变压器的同名端是怎样定义的，通常使用的测定方法是什么？

3. 请写出变压器变换电压、变换电流、变换阻抗的公式。

（二）扩展实验任务

1. 变压器的功率损耗有哪两部分构成？请写出变压器铜损的计算公式。

2. 请写出变压器额定运行时的效率公式。

六、实验指导

（一）基本实验内容及步骤

1. 自耦变压器使用练习

观察自耦变压器的输出电压随着手柄转动时的变化情况。使用完毕后，将调压器手柄调回零位。

2. 变压器的初步认识

在断电的情况下认识变压器。记录变压器的铭牌值，在没有铭牌时，查阅购买记录或询问相关老师，完成基本参数的填写。根据基本参数完成额定电流的计算，计算时可以认为变压器的效率为100%。

用万用表测量变压器直流电阻值，将以上数值填入表4.14.1中。

表 4.14.1　变压器的初步认识

铭　牌　值			计　算　值		测　量　值	
额定功率	一次电压	二次电压	一次额定电流	二次额定电流	一次绕组电阻	二次绕组电阻

3. 变压器电压比的测定

如图 4.14.5 所示变压器一次侧接入额定电压，二次侧不接负载，测量一次电压侧 U_1 和二次侧空载电压 U_{20}，计算电压比：$K = \dfrac{U_1}{U_{20}}$。填入表 4.14.2 中。

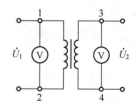

图 4.14.5　变压器电压比的测定

表 4.14.2　变压器电压比的测定

U_1/V	U_{20}/V	K

4. 变压器外特性的测定

保持变压器一次侧 U_1 为额定电压不变，二次侧逐个接上白炽灯，如图 4.14.6 所示，每次均测量 I_1、I_2、U_2。将测量结果填入表 4.14.3 中。

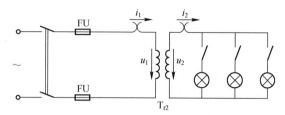

图 4.14.6 变压器外特性测试

表 4.14.3 变压器外特性测试数据记录

项　　目	I_1/mA	I_2/mA	U_2/V
1 个白炽灯			
2 个白炽灯			
3 个白炽灯			

5. 变压器同名端的测定

如图 4.14.4 所示，将变压器 2、4 端短路，在一次侧加额定交流电压 $U_{12}=220\,\mathrm{V}$，用交流电压表分别测量二次侧电压 U_{34} 和 1、3 端之间的电压 U_{13}，把测量值和计算值一起填入表 4.14.4 中，并根据表中的计算结果判断两个绕组的同名端。

表 4.14.4 测量并判断变压器绕组的同名端

U_{12}/V	U_{34}/V	U_{13}/V	$U_{12}+U_{34}/\mathrm{V}$	$U_{12}-U_{34}/\mathrm{V}$

可以判断变压器绕组的同名端为 _____。

（二）扩展实验内容及步骤

1. 变压器的空载实验

按照图 4.14.7 接线，调节自耦调压器，将一次侧电压从 1.2U 开始，逐渐降低输出电压值，读取相应的电压、电流和功率，填入表 4.14.5 中。

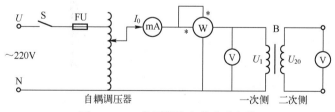

图 4.14.7 变压器的空载实验电路

表 4.14.5 变压器的空载

	1	2	3	4	5	6	7
U_1/V							
I_0/mA							
P_0/W							

按照式（4-14-1）估算变压器的铁损 P_{Fe}，根据表 4.14.5 中的数据绘制变压器的空载特性曲线。

2. 变压器的短路实验

用导线将二次侧短路，按照图 4.14.8 接线，先将调压器旋钮逆时针旋转到零位，再接通电源。

缓慢调节自耦调压器的调压旋钮，使调压器的输出电压从零逐渐增加，在变压器二次短路的情况下，变压器一次电流达到额定电流值。测定此时的电压 U_K、电流 I_K、功率 P_K，填入表 4.14.6 中。根据式（4-14-3）估算变压器的铜损 P_{Cu}，根据式（4-14-4）计算变压器额定运行时的效率 η。

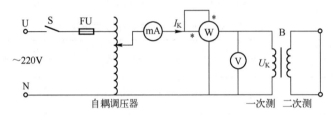

图 4.14.8　变压器输出端短路实验

表 4.14.6　变压器的短路实验

U_K/V	I_K/mA	P_K/W	P_{Cu}/W	η

七、实验注意事项

1. 本实验为强电实验，务必注意用电和人身安全，接线前一定要先断开电源。

2. 遇到异常情况，应立即断开电源，待处理好故障后，才能继续实验。

3. 在整个实验过程中，将一个电流表串接在原绕组中，注意流过原绕组的电流不能超过绕组的额定电流。

4. 切勿将自耦变压器的一、二次接反，使用完毕后一定要将手柄调回到输出电压为 0 的状态。

八、实验报告要求

1. 简述实验方案和步骤。

2. 记录原始实验数据和理论计算数据，完成表格中的数据计算。

3. 根据表 4.14.3 中的测量数据，作 $U_2 = f(I_2)$ 曲线，并计算电压调整率。

4. 根据表 4.14.5 中的测量数据，绘出变压器的空载特性曲线。

5. 总结本次实验情况，写出此次实验的心得体会，包括实验中遇到的问题的处理方法和结果。

4.15　运算放大器及受控源特性的测试

一、实验目的

1. 了解运算放大器及其性能指标的测试技术。

2. 了解运算放大器组成各类受控源的基本原理。

3. 熟悉受控源的基本特性、掌握受控源特性的基本测试方法。

4. 了解受控源在电路中的应用。

二、实验任务

（一）基本实验任务

1. 利用运算放大器组成压控电压源，测试电路中的控制量和被控量，并计算控制系数。

2. 利用运算放大器组成压控电流源，测试电路中的控制量和被控量，并计算控制系数。

3. 利用运算放大器组成流控电压源，测试电路中的控制量和被控量，并计算控制系数。

4. 利用运算放大器组成流控电流源，测试电路中的控制量和被控量，并计算控制系数。

三、基本实验条件

（一）仪器仪表

1. 双路直流稳压电源   1 台

2. 万用表   1 块

（二）器材器件

1. 线性电阻   若干

2. 运算放大器   1 个

四、实验原理

（一）基本实验任务

受控源是一个二端口网络，一个为控制端口，另一个为受控端口，受控端口的电压或者电流受到控制端口的电压或者电流的控制，二者之间存在着某种函数关系，因此受控源又称为非独立电源。

根据控制量和受控量的不同组合，受控源一共有 4 种，分别为：压控电压源（VCVS），压控电流源（VCCS），流控电压源（CCVS），流控电流源（CCCS）。

使用运算放大器，可以组成各种受控源。

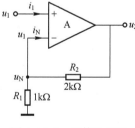

1. 压控电压源

利用运放实现压控电压源的电路如图 4.15.1 所示，根据理想运放的特性有：$i_1 = i_N = 0$；$u_1 = u_N$；因此可以得到 $u_1 = \dfrac{R_1}{R_1 + R_2} u_2$，即

$u_2 = \left(1 + \dfrac{R_2}{R_1}\right) u_1 = \mu u_1$。其中压控电压源的控制系数为 $\mu = 1 + \dfrac{R_2}{R_1}$。

图 4.15.1　压控电压源

2. 压控电流源

利用运放实现压控电流源的电路如图 4.15.2 所示，根据理想运放的特性有：$i_1 = i_N = 0$，$u_1 = u_N$，因此可以得到 $i_2 = \dfrac{1}{R_1} u_1 = g u_1$。其中压控电流源的控制系数为 $g = \dfrac{1}{R_1}$。

3. 流控电压源

利用运放实现流控电压源的电路如图 4.15.3 所示，根据理想运放的特性有 $u_N = 0$，因此可以得到 $i_1 = -\dfrac{1}{R_2} u_2$，即 $u_2 = -R_2 i_1 = r i_1$。其中压控电压源的控制系数为 $r = -R_2$。

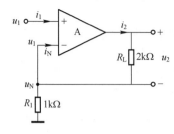
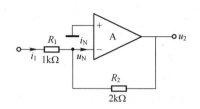

图 4.15.2　压控电流源　　　　　图 4.15.3　流控电压源

4. 流控电流源

利用运放实现流控电流源的电路如图 4.15.4 所示，根据理想运放的特性有 $i_N=0$，$u_N=0$，因此可以得到 $i_2=-\left(1+\dfrac{R_1}{R_2}\right)i_1=\alpha i_1$，其中流控电流源的控制系数为 $\alpha=-\left(1+\dfrac{R_1}{R_2}\right)$。

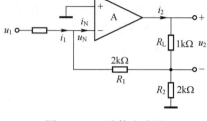

图 4.15.4　流控电流源

五、实验预习要求

（一）基本实验任务

1. 集成运放工作在线性区的分析依据。

2. 受控源与独立电源相比，有什么异同？

六、实验指导

（一）基本实验内容及步骤

1. 压控电压源特性的测试

（1）按照图 4.15.1 完成电路的接线。

（2）按照表 4.15.1 所示的输入信号 U_1 调节直流稳压电源的输出。

（3）用万用表测试压控电压源的输出电压 U_2，填入表 4.15.1 中。

（4）根据表中的数据，计算受控源的控制系数，并与理论值对比。

表 4.15.1　用运放构成的压控电压源

U_1/V	−3	−2	−1	1	2	3
U_2/V						
μ						

2. 压控电流源特性的测试

（1）按照图 4.15.2 完成电路的接线。

（2）按照表 4.15.2 所示的输入信号 U_1 调节直流稳压电源的输出。

（3）用万用表测试压控电流源的输出电流 I_2，填入表 4.15.2 中。

（4）根据表中的数据，计算受控源的控制系数，并与理论值对比。

表 4.15.2　用运放构成的压控电流源

U_1/V	-3	-2	-1	1	2	3
I_2/mA						
g/ms						

3. 流控电压源特性的测试

（1）按照图 4.15.3 完成电路的接线。

（2）按照表 4.15.3 所示的输入信号 U_1 调节直流稳压电源的输出。

（3）用万用表测试压控电压源的输入电流 I_1 和输出电压 U_2，填入表 4.15.3 中。

（4）根据表中的数据，计算受控源的控制系数，并与理论值对比。

表 4.15.3　用运放构成的流控电压源

U_1/V	-3	-2	-1	1	2	3
I_1/mA						
U_2/V						
γ						

4. 流控电流源特性的测试

（1）按照图 4.15.4 完成电路的接线。

（2）按照表 4.15.4 所示的输入信号 U_1 调节直流稳压电源的输出。

（3）用万用表测试流控电流源的输入电流 I_1，输出电流 I_2，填入表 4.15.4 中。

（4）根据表中的数据，计算受控源的控制系数，并与理论值对比。

表 4.15.4　用运放构成的流控电流源

U_1/V	-3	-2	-1	1	2	3
I_1/mA						
I_2/mA						
α						

七、实验注意事项

1. 各受控源中运算放大器应由直流电源供电，其正负极和引脚不能接错。

2. 运算放大器的输出端不能与地短路，输入电流不能过大。

八、实验报告要求

1. 简述实验方案和步骤。

2. 记录原始实验数据和理论计算数据，完成数据表格中的计算。

3. 根据实验数据分别绘出四种受控源的外特性曲线。

4. 分析实验结果，讨论实验误差产生的原因。

5. 总结本次实验情况，写出此次实验的心得体会。包括实验中遇到的问题的处理方法和结果。

附录 常用仪器、仪表的使用

一、直流稳压电源

直流稳压电源的作用是为电路提供电能。其输出电压可在额定输出电压值以下的任意范围内正常工作。下面以 GPS-3303C 型直流稳压电源为例介绍直流稳压电源的基本使用。

GPS-3303C 型直流稳压电源是一种输出电压、电流可调的多功能仪表，其前面板如图 1 所示。

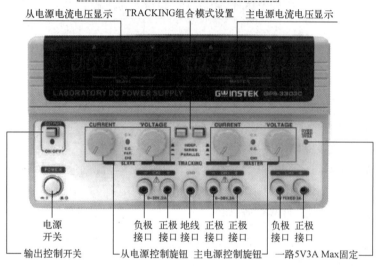

图 1 GPS-3303C 的前面板

GPS-3303C 型直流稳压电源有 3 组独立直流电源输出，分别为 CH1 主路输出（Master）、CH2 辅路输出（Slave）、CH3 固定的电压输出。具有 3 位位数显示器，可同时显示两组电压及电流，具有自动串联及自动并联同步操作，及限定电压、限定电流操作功能。

在 TRACKING 模式下，两个按键可选 INDEP（独立），SERIES（串联）或 PARALLEL（并联）的追踪模式，各模式的功能和设置如下。

（1）独立操作模式（Independent）

CH1 和 CH2 电源在额定电流时，分别可提供 0～额定的电压输出。当设定在独立模式时，CH1 和 CH2 分别为独立的两组电源，可单独或两组同时使用。其操作和使用方法如下。

① 同时将两个 TRACKING 选择按键松开，即将电源设定在独立操作模式。

② 调整电压调节旋钮以取得所需电压值。

③ 先关闭电源，连接负载后，再打开电源。

④ 将红色测试导线插入输出端的正极，将黑色测试导线插入输出端的负极。独立操作的连接模式如图 2 所示。

（2）串联追踪模式（Series Tracking）

当选择串联追踪模式时，CH2 输出端正极将主动与 CH1 输出端的负极连接。而最大输出电压（串联电压）即由两组（CH1 和 CH2）输出电压相互串联成单体控制电压。由 CH1 电压控制旋钮即可控制 CH2 输出电压，自动设定和 CH1 相同变化量的输出电压。其操作和使用方法如下。

① 按下左边 TRACKING 的选择按键，松开右边按键，将电源设定在串联追踪模式。

② 在串联模式下，实际的输出电压值为 CH1 表头显示的 2 倍，而实际输出电流值则可直接从 CH1 或 CH2 电流表头读值得知。将 CH2 电流控制旋钮顺时针旋转到底，CH2 的最大电流的输出随 CH1 电流设定值而改变。参考限流点的设定步骤，设定 CH1 的限流点（超载保护）。在串联模式时，流过两组电源的电流若不相等；其最大限流点是取两组电流控制旋钮中较低的一组读取。

③ 关闭电源，连接负载后，再打开电源。如只需单电源供应，则将测试导线一条接到 CH2 的负端，另一条接 CH1 的正端，而此两端可提供 2 倍的主控输出电压显示值及电流显示值，如图 3 所示。

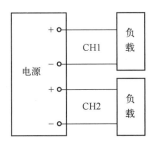

图 2　独立操作模式图

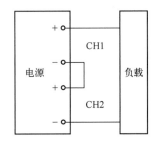

图 3　单电源的串联工作状态图

④ 如想得到一组共地的直流电源，可将 CH1 的负端（黑色端子）当共地点，可得到正电压（CH1 表头显示值）及正电流（CH1 表头显示值），而 CH2 输出负极对共地点，则可得到与 CH1 输出电压值相同的负电压，即所谓追踪式串联电压，如图 4 所示。

（3）并联追踪模式（Parallel Tracking）

在并联追踪模式时，CH1 输出端正极和负极会自动和 CH2 输出端正极和负极两两相互并联接在一起，而此时，CH1 表头显示 CH1 输出端的额定电压值，及 2 倍的额定电流输出值。

因为在并联模式时，CH2 的输出电压、电流完全由 CH1 的电压和电流旋钮控制，并且追踪 CH1 输出电压和电流（CH1 和 CH2 的电压和电流输出完全相等）。使用 CH1 电流旋钮来设定限流点（超载保护），请参考限流点的设定步骤。在 CH1 电源的实际输出电流为电流表显示值的 2 倍。其操作方法如下。

① 将 TRACKING 的两个按键都按下，设定为并联模式。

② 用 CH1 电压控制旋钮调整所需的输出电压。

③ 先关闭电源，连接负载后，再打开电源。

④ 将装置的正极连接到电源的 CH1 输出端子的正极（红色端子）。将装置的负极连接到电源的 CH1 输出端子的负极（黑色端子），如图 5 所示。

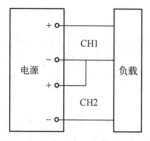

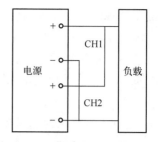

图4 电源的串联追踪工作状态图   图5 电源的并联追踪工作状态图

（4）CH3 输出操作

对于 GPS-3303C，CH3 输出端可提供 5 V 直流输出电压及 3 A 的输出电流，其操作方法如下。

先关闭电源，连接负载后，再打开电源。将负载的正极连接到电源的 CH3 输出端子的正极（红色端子）。将负载的负极连接到电源的 CH1 输出端子的负极（黑色端子）。假如前面板的 OVERLOAD 红色指示灯亮，则表示已超过最大额定电流（超载），此时输出电压及电流将渐渐降低以执行保护功能。若要恢复 CH3 输出，则必须减轻负载量（GPS-3303C/4302C 的电流需求量不可超过 3 A，GPS-4303C 不可超过 1 A），直到 OVERLOAD 红色指示灯熄灭。

（5）输出的 ON/OFF

输出的 ON/OFF 是由一个单一的开关控制，按下此开关，输出的 LED 会亮，开始输出，松开此开关，或按下追踪的开关，则停止输出。

二、万用表

万用表是最常用的测量仪表，可以用来测量电路中的电压、电流和电阻。万用表可分为模拟式（指针式）和数字式两大类。

UT803 是 5999 计数 35/6 数位，自动量程真有效值数字台式万用表。可用于测量：真有效值交流电压和电流、直流电压和电流、电阻、二极管、电路通断、电容、频率、温度（℃）、hFE、最大/最小值等参数，并具备 RS232C、USB 标准接口，数据保持、欠电压显示、背光和自动关机功能。UT803 的前面板如图 6 所示。

（1）交直流电压测量

① 将红表笔插入"V"插孔，黑表笔插入"COM"插孔。

② 将功能旋钮开关置于"V ⏦"电压测量档，按"SELECT"键选择所需测量的交流或直流电压，并将表笔并联到待测电源或负载上，如图 7 所示。

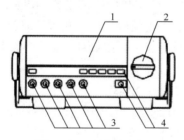

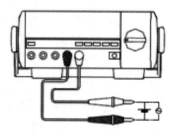

图6 UT803 的前面板   图7 交直流电压的测量

1—LCD 显示窗 2—功能量程选择旋钮 3—输入端口 4—按键组

③ 从显示器上直接读取被测电压值。交流测量显示值为真有效值。

④ 表的输入阻抗均约为 10 MΩ（除 600 mV 量程为大于 3000 MΩ 外），仪表在测量高阻抗的电路时会引起测量上的误差。但是，大部分情况下，电路阻抗在 10 kΩ 以下，所以误差（0.1%或更低）可以忽略。

⑤ 测量交流加直流电压的真有效值，必须按下 AC/AC+DC 选择按钮。

⑥ 若测得的被测电压值小于 600.0 mV，则必须将红表笔改插入"mV"插孔，同时，利用"RANGE"按钮，使仪表处于手动"600.0 mV"档（LCD 屏有"MANUL"和"mV"显示）。

（2）交直流电流测量

① 将红表笔插入"μA mA"或"A"插孔，黑表笔插入"COM"插孔。

② 将功能旋钮开关置于电流测量档"μA mA"或"A"，按"SELECT"键选择所需测量的交流或直流电流，并将仪表表笔串联到待测电路中。

③ 从显示器上直接读取被测电流值，交流测量显示真有效值。

④ 测量交流加直流电流的真有效值，必须按下 AC /AC+DC 选择按键。

（3）电阻测量

① 将红表笔插入"Ω"插孔，黑表笔插入"COM"插孔。

② 将功能旋钮开关置于"Ω •)) ➡️"测量档，按"SE-LECT"键选择电阻测量，并将表笔并联到被测电阻上，如图 8 所示。

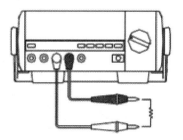

图 8 电阻的测量

③ 从显示器上直接读取被测电阻值。

（4）电路通断测量

① 将红表笔插入"Ω"插孔，黑表笔插入"COM"插孔。

② 将功能旋钮开关置于"Ω"测量档，按"SELECT"键，选择电路通断测量，并将表笔并联到被测电路负载的两端。如果被测二端之间电阻<10 Ω，则认为电路良好导通，蜂鸣器连续声响；如果被测二端之间电阻>30 Ω，则认为电路断路，蜂鸣器不发声。

③ 从显示器上直接读取被测电路负载的电阻值。

（5）二极管测量

① 将红表笔插入"Ω"插孔，黑表笔插入"COM"插孔。红表笔极性为"+"，黑表笔极性为"−"。

② 将功能旋钮开关置于"Ω •)) ➡️"测量档，按"SELECT"键，选择二极管测量，红表笔接到被测二极管的正极，黑表笔接到二极管的负极。

③ 从显示器上直接读取被测二极管的近似正向 PN 结结电压。对硅 PN 结而言，一般为 500~800 mV 确认为正常值。

（6）电容测量

① 将红表笔插入"Hz Ω mV"插孔，黑表笔插入"COM"插孔。

② 将功能旋钮开关置于"➡️"档位，此时仪表会显示一个固定读数，此数为仪表内部的分布电容值。对于小量程档电容的测量，被测量值一定要减去此值，才能确保测量精度。

（7）频率测量

① 将红表笔插入"Hz"插孔，黑表笔插入"COM"插孔。

② 将功能旋钮开关置于"Hz"测量档位，按"SELECT"键选择 Hz 测量，并将表笔并联到待测信号源上。

③ 从显示器上直接读取被测频率值。

（8）晶体管 h_{FE} 测量

① 将功能旋钮开关置于"hFE"档位。

② 将转接插座插入"μA mA"和"Hz"二插孔。

③ 将被测 NPN 或 PNP 型晶体管插入转接插座对应孔位。

④ 从显示器上直接读取被测晶体管 h_{FE} 近似值，如图 9 所示。

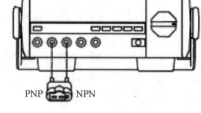

PNP NPN

图 9　晶体管的测量

（9）数据保持（HOLD）

在任何测量情况下，当按下 HOLD 键时，LCD 显示 **HOLD**，仪表随即保持显示测量结果，进入保持测量模式。再按一次 HOLD 键，仪表退出保持测量模式，显示当前测量结果。

（10）手动量程选择（RANGE）

按此键退出自动（Auto）量程进入手动（Manual）量程模式。当按下时间超过 1 s 则退出手动量程重返自动量程模式。

（11）最大、最小值测量（MAX/MIN）

按此键开始保持最大、最小值。逐步按此键可依次循环显示最大、最小值。当按下时间超过 1 s 时退出最大、最小值测量模式。

（12）LCD 背光控制（LIGHT）

按此键 LCD 背光打开，再按一次背光关闭。在交流供电时背光常亮，此键不起作用。

（13）功能选择（SELECT）

当测量功能复合在同一个功能位置时，按此键（SELECT）可以选择所需要的测量功能。

（14）供电选择开关（AC/DC）

（AC）220 V/50 Hz 或（DC）二号电池/R20（1.5 V×6 节）。

（15）交流、交流+直流选择按键开关（AC/AC+DC）

本选择按键是在交流测量时，选择测量交流还是交流+直流，所以只有在功能旋钮开关选择"V $\widetilde{}$"（"mV $\widetilde{}$"手动）"μA $\widetilde{}$""mA $\widetilde{}$"或"A $\widetilde{}$"，按"SELECT"键选择"AC"测量时，本选择按键才有用。按"SELECT"键选择"DC"测量时，请不要按下本选择按键，否则将显示"+DC"。

（16）自动关机功能 ☽

当 LCD 显示符号 ☽，且约 10 min 内没有转动功能旋钮开关或使用 HOLD 按键等操作，显示器将消隐显示，同时保存消隐前最后一次测量数据，随即仪表进入微功耗休眠状态。如要唤醒仪表重新工作，除了关闭电源开关后重新打开外，只要按一次 HOLD 键即可。唤醒仪表后，LCD 显示消隐前最后一次测量数据并处于 HOLD 模式。转动旋钮开关也能唤醒仪表，但不保持消隐前最后一次测量数据。在开机的同时按下 MAX/MIN、RANGE、REL 或 RS232 键中的任何一个键都可以关闭自动关机功能，并消隐提示符号 ☽。

三、EE1420 型函数/任意波信号发生器/计数器

本仪器是一台精密的测试仪器，具有输出函数信号、调频、调幅、FSK、PSK、触发、

频率扫描等信号的功能。此外，本仪器还具有测频和计数的功能。

1. 分类

（1）通道 A 函数发生器

主波形：正弦波、方波、三角波、锯齿波、矩形波。

储存波形：正弦波、方波、脉冲波、三角波、锯齿波、阶梯波等 26 种波形，TTL 波形。

频率范围：主波形为正弦波 1 μHz ~ 6 MHz；方波、TTL 波 10 Hz ~ 6 MHz。

储存波形：1 μHz ~ 100 kHz。

幅度范围：1 mV ~ 20Vpp（高阻），0.5 mV ~ 10Vpp（50 Ω）。

输出阻抗：50 Ω。

幅度单位：Vpp，mVpp，Vrms，mVrms，dBm。

（2）通道 B 函数发生器

输出波形：正弦波、方波、三角波、负锯齿波、正锯齿波（AM 时）。

（3）通道 B 功率放大模块

频率范围：1 Hz ~ 20 kHz。

幅度范围：300 mVpp ~ 15Vpp。

输出波形：正弦波、方波、三角波、正锯齿波。

仪器的前面板示意图如图 10a 所示，各按钮的功能见表 1。

仪器的后面板示意图如图 10b 所示，各按钮的功能见表 2。

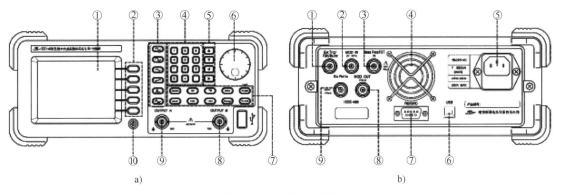

图 10 F10 面板示意图

a）前面板示意图 b）后面板示意图

表 1 F10 前面板按钮的功能

标号	1	2	3	4	5	6	7	8	9	10
功能	TFT LCD 显示屏	菜单功能按键	波形选择按键	数字输入按键	光标按键	旋钮	功能选择按键	通道 B 信号输出端口	通道 A 信号输出端口	电源开关按键

表 2 F10 后面板按钮的功能

标号	1	2	3	4	5	6	7	8	9
功能	外部触发信号输入端口（TTL 电平）	外部调制信号输入端口	频率计/计数器信号输入端口	风扇	电源插座	USB Device 口	RS232C 串口	调制信号输出端口	外部 10 MHz 基准输入端口

2. 基本使用方法

（1）开关机

按键 ⏻ 下的灯光为红色时，表示机器已经接上交流电源，处于待开机状态，如果按键下的灯光为绿色时，表示机器已经打开电源开关，仪器进入了正常工作界面。

如果要关断机器电源的话，应该按住按键 ⏻ 超过 500 ms 以上，才能关闭电源。

（2）前面板液晶显示界面

显示界面如图 11 所示，各显示区的功能见表 3。

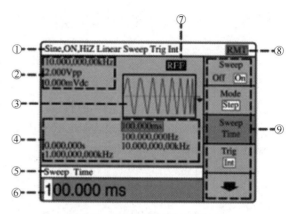

图 11　前面板液晶显示界面

表 3　液晶显示区的功能

标号	1	2	3	4	5	6	7	8	9
功能	通道信息栏	主波形参数区	波形显示区	调制波形参数区	选择参数名称显示区	当前选择参数显示区	外标频标志显示	远控标志显示	菜单显示区

（3）仪器数据的输入方法

当改变参数时，只有当菜单显示区中功能项被选中时才可以进行更改或输入。

仪器数据的输入有两种方法，一种是使用旋钮和光标按键，一种是使用键盘输入和软键来选择单位。

使用旋钮和光标按键来修改数据的步骤如下。

1）使用旋钮左边的左右光标键，在参数上左右移动光标。

2）使用上下键来对数据加减操作。

3）旋转旋钮来修改参数。

使用键盘输入和软键来选择单位，选中参数后，要修改数据。

1）使用数字键盘输入数据。

2）按对应单位右边的软键，选择单位，使输入数据有效。

3）〔－〕键用来在选择单位以前，改变输入数据的正负符号。

4）〔◀〕键用来在选择单位前，删除前一位输入的数字。

（4）通道 A 输出波形选择

在仪器的前面板上有主要波形直接选择按键，要使仪器输出相应的主波形，只要直接按相应的波形按键，就可以互相之间来回切换。

1）输出正弦波。

按〔∿〕键，仪器输出正弦波形。屏幕显示界面如图 12 所示。

屏幕上的波形显示区显示正弦波。按右边菜单旁边相对应的软键，选中相应的频率（Frequency）、输出电平幅度（Amplitude）、直流偏移（Offset）等参数。选中的参数在屏幕的左下方有相应显示。可以通过旋钮或数字键盘来修改设置所需要的参数。

屏幕上有一幅度单位转换项（Amp Type），按其右边的软键，来切换当前输出幅度值在不同单位时的转换数值。有 Vpp、Vrms、dBm 三项单位。

仪器的缺省输出参数是：频率 10 kHz，输出幅度 2Vpp，直流偏移 0 Vdc 的正弦波波形。

2）输出方波。

按 ⊓ 键，仪器输出方波波形。屏幕显示界面如图 13 所示。

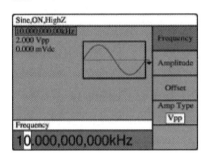

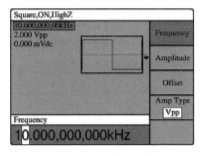

图 12　正弦波的显示　　　　　　　　　　图 13　方波的显示

屏幕上的波形显示区显示方波。按右边菜单旁边相对应的软键，选中相应的频率（Frequency）、输出电平幅度（Amplitude）、直流偏移（Offset）等参数。选中的参数在屏幕的左下方有相应显示。可以通过旋钮或数字键盘来修改设置所需要的参数。

屏幕上有一幅度单位转换项（Amp Type），按其右边的软键，来切换当前输出幅度值在不同单位时的转换数值。有 Vpp、Vrms、dBm 三项单位。

仪器的缺省输出参数是：频率 10 kHz，输出幅度 2Vpp，直流偏移 0 Vdc，占空比 50% 的方波波形。

3）输出三角波。

按 ∿ 键，仪器输出三角波波形。屏幕显示界面如图 14 所示。

屏幕上的波形显示区显示三角波。按右边菜单旁边相对应的软键，选中相应的频率（Frequency）、输出电平幅度（Amplitude）、直流偏移（Offset）等参数。选中的参数在屏幕的左下方有相应显示。可以通过旋钮或数字键盘来修改设置所需要的参数。

屏幕上有一幅度单位转换项（Amp Type），按其右边的软键，来切换当前输出幅度值在不同单位时的转换数值。有 Vpp、Vrms、dBm 三项单位。

仪器的缺省输出参数是：频率 10 kHz，输出幅度 2Vpp，直流偏移 0 Vdc 的三角波波形。

4）输出正锯齿波。

按 ⟋ 键，仪器输出正锯齿波波形。

仪器的缺省输出参数是频率 10 kHz，输出幅度 2Vpp，直流偏移 0 Vdc 的正锯齿波波形。

5）输出脉冲波。

按 ⊓⊔ 键，仪器输出脉冲波波形。屏幕显示界面如图 15 所示。

屏幕上的波形显示区显示脉冲波。按右边菜单旁边相对应的软键，选中相应的频率（Frequency）、输出电平幅度（Amplitude）、直流偏移（Offset）、占空比（Duty Cycle）等参数，下方有相应显示。可以通过旋钮或数字键盘来修改设置所需要的参数。

屏幕上有一幅度单位转换项（Amp Type），按其右边的软键，来切换当前输出幅度值在不同单位时的转换数值。有 Vpp、Vrms、dBm 三项单位。

仪器的缺省输出参数是频率 10 kHz，输出幅度 2Vpp，直流偏移 0 Vdc，占空比 50.0% 的脉冲波波形。

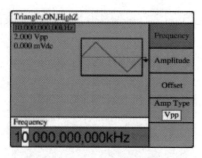

图 14　三角波的显示

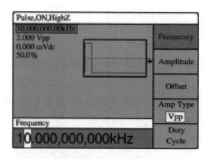

图 15　脉冲波的显示

6）输出任意波。

按⏦键，仪器输出任意波波形。屏幕显示界面如图 16 所示。

按右边菜单旁边相对应的软键，选中相应的输出电平幅度（Amplitude）、直流偏移（Offset）等参数。选中的参数在屏幕的左下方有相应显示。可以通过旋钮或数字键盘来修改设置所需要的参数。

屏幕上有一幅度单位转换项（Amp Type），按其右边的软键，来切换当前输出幅度值在不同单位时的转换数值。有 Vpp、Vrms、dBm 三项单位。

按 Arbs 右边的软键，进入任意波选择界面。如图 17 所示。

Noise,ON,HighZ		Inner Arbs
Down_Ramp	Sine_Verti	
Noise	Sine_PM	
P_Pulse	Log	
N_Pulse	Exp	
P_DC	Round_Half	
N_DC	SinX/X	Select
Staircase	Square_Root	
Code_Pulse	Tangent	
Commute_Full	Cardio	
Commute_Half	Quake	
Sine_Trans	TTL	Cancel

图 16　输出任意波

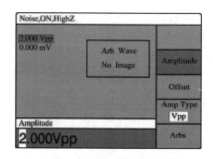

图 17　任意波的显示

可以通过旋钮和光标上下箭头来选择仪器内部已有的任意波形。选择完毕后按"Select"右边的软键确认。否则按"Cancel"右边的软键忽略。

（5）通道 B 输出波形选择

只有具有双路的仪器才有以下功能。

在仪器的前面板上有主要波形直接选择按键，要使通道 B 输出相应的主波形，只要直接按相应的波形按键，就可以互相之间切换。只有当通道 A 为点频且波形为正弦波或方波时，才可以用波形按键设置通道 B 信号输出，但只能输出正弦波、方波、三角波和正锯齿波。在通道 A 为调幅（AM）时，通道 B 输出为调制信号波形；当通道 A 为调频时，通道 B 无波形输出。

（6）通道 A 工作模式的选择

在仪器的前面板上有一排调制功能选择键。按相应的按键，仪器输出相应的调制功能波形。

按⏦键，进入调幅界面。打开 ON 状态，就有调幅信号输出。在此界面可以设置调幅波形的调制波形（AM Shape）、调制频率（AM Freq）、调制深度（AM Depth）、调制源

（AM Source）等各项调制参数。

四、GDS820C 双通道示波器简介

数字示波器是按照采样原理，利用 A/D 变换，将连续的模拟信号转变成离散的数字序列，然后进行恢复重建波形，从而达到测量波形的目的。GDS820C 前面板如图 18 所示。

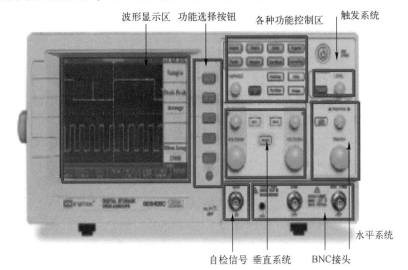

图 18　GDS820C 双通道示波器的前面板

整个面板划分为以下 5 个功能区。

（1）垂直系统

1）垂直位置旋钮（Position）：可调整 CH1，CH2 波形在显示屏中的垂直位置。

2）衰减设定旋钮（VOLTS/DIV）：调节所选波形的垂直刻度。

3）控制菜单按钮（CH1 或 CH2）：CH1 或 CH2 被选择时，显示垂直控制菜单，这两个按钮也是通道 1 或通道 2 波形显示的开关。如果通道 1 或通道 2 被关闭，LED 指示灯会熄灭。

① 耦合（Coupling）：按 F1 键选 AC、DC 耦合或接地。

② 反转（Invert）On/Off：按 F2 键选择波形是否反向显示，On 时，反向显示，Off 时，正向显示。

③ 带宽限制（Bw Limit）On/Off：F3 键为频宽限制设定键，On 时，设定带宽为 20 MHz，Off 时，设定带宽为全带宽。

④ 探棒衰减选择（Probe 1/10/100）：按 F4 键选择探棒衰减×1，×10，×100。改变探棒衰减倍率，自动测量的读值和游标测量的读值也会改变。

⑤ 输入阻抗选择（Impedance 1 MΩ）：输入阻抗显示（GDS-820 系列只有 1 MΩ 可选，GDS-840 可选 50 Ω 或 1 MΩ）。

4）数学运算菜单的使用。

数学处理设定键，MATH 功能被选择时，可按 F1 键选择 CH1+CH2，CH1-CH2 或 FFT（快速傅里叶转换）。用 FFT 功能可以将一个时域信号转换成频率构成。

① CH1+CH2：通道 1 和通道 2 的波形相加。

② CH1-CH2：通道 1 和通道 2 的波形相减。

数学处理 CH1+CH2/CH1-CH2 的波形的位置可以用 VARIABLE 旋钮来调整。数学处理

位置指示（LCD左边）同时改变位置。

③ FFT：按 MATH 按钮，选择 FFT 功能。选择源通道和窗口运算法则。再按一下 MATH 按钮解除 FFT 频谱显示。

④ Source CH1/CH2：选择频谱分析的通道。

Window Rectangular：转换到 Rectangular 窗口模式。

Window Blankman：转换到 Blankman 窗口模式。

Window Hanning：转换到 Hanning 窗口模式。

Window Flattop：转换到 Flattop 窗口模式。

⑤ Position：旋转 VARIABLE 旋钮改变显示屏上 FFT 位置值。LCD 左边的数学处理位置指示总是指向约 0 dB，这里 0 dB 定义为 1Vrms。

⑥ Unit/div 20/10/5/2/1 dB：按 F5 键来选择频谱的垂直衰减。有 20 dB/div，10 dB/div，5 dB/div，2 dB/div，1 dB/div。

（2）水平系统操作

1）水平的位置旋钮（Position）：旋转该旋钮，触发点的位置会改变，从而观测到触发点前后不同位置的信号（触发位置标示点通常置于屏幕中央，以利于观测触发点之前和之后的信号）。

2）时间/格调整旋钮（TIME/DIV）：在图 18 中，旋转时基调整旋钮时显示波形变化情况，此处同时显示水平每大格所代表的时间（图示水平共有十大格），在 RUN 或是 STOP 模式都有效，但是在 STOP 模式时最大只能恢复到 STOP 时的时间，比如在 1 ms/div 时 STOP，波形展开后，最多只能缩小至 1 ms/div。

3）水平菜单按钮（HORI/MENU）：按下此键可以显示水平菜单，如图 19 所示。

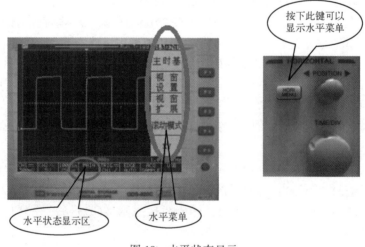

图 19　水平状态显示

（3）示波器触发的作用

触发的作用在于令每次的显示开始于波形上的同一点，从而同步波形的显示，显示波形的特点和细节，触发系统可以稳定固定周期波形的显示，通过触发系统可以从信号中获得所需要观测的部分，从而避免不关心的部分影响观测，数字示波器的高阶触发功能可以帮助从波形中分离出所需要的部分。比如单次触发可以捕捉到只发生一次的波形，脉宽触发可以从一串脉冲序列中获得关心的那部分脉冲等。合理利用示波器（尤其是数字示波器）的触发功能可以使测量工作变得简单，甚至使不可能的测量变为可能。

1）触发控制按钮。

① 触发菜单按钮（MENU）：打开触发菜单，选择触发类型、触发源和触发模式等。

② 触发电平控制旋钮（LEVEL）：改变触发电平的大小，可以改变显示波形在零时间起点的电位。为保证波形在屏幕上稳定的显示，触发电平取值应在被测波形峰–峰值范围内，通过调节触发电平来控制波形的显示是示波器的传统方式。

2）触发类型。

① 边沿触发（Edge）：在输入信号的边缘处触发，可选择触发信号来源（Source）和触发的模式（Mode）耦合（Coupling）和边沿的选择（Slope）。

② 脉宽触发：可以在一个范围内触发特定宽度的正或负的脉冲。

③ 视频触发：具有与电视信号同步的功能，用于观测电视信号。可以设置信号源、信号制式、极性，指定视频图场的特定的扫描线或触发视频信号的所有扫描线。

④ 高阶延迟触发：包括一个起始触发信号和第二触发源（主触发）。起始触发信号由外部触发产生。可延迟波形的采集时间到用户设定时间，或用户设定的在起始触发信号后触发的次数。按键可选三种触发：时间延迟，事件延迟和TTL/ECL/User。

3）触发方式。

① Auto Level：自动电平触发，系统内部会自动锁定触发电平于信号范围内，以确保触发稳定。

② Auto：自动方式，如果在没有触发事件的情况下，示波器会产生内部触发。当需要一个没有触发，时基设定在500ms/div或更慢一点的波形时，可选择自动触发模式，在实际时间降低到5s/div时继续观察低速现象。

③ Normal：正常触发，选择此模式时，只在有触发时取得一个波形。如没有触发，将不会有波形。

④ Single：单次（Single Shot），内部系统会依据使用者的操作程序，当第一次触发脉冲发生时，随即执行一次取样处理，并显示本次所取得波形信息，内部系统即停止一切处理动作。只有按RUN/STOP按钮才会再次处理另一次触发。在设定触发、水平、垂直控制以取得一个单次触发事件前，用户必须知道波形信号的大小、长短和DC偏移量。

4）触发类型的选择。

① 当观测一般的连续、周期性信号（如正弦波、方波）时，可选择自动方式边沿触发。

② 当观测单个脉冲时，可选择单次方式边沿触发。

③ 当观测脉宽不均匀的脉冲波时，可根据测量要求选择脉宽触发。

④ 当观测特定编码信号时，可选择视频触发。

5）触发源选择。

① CH1：选CH1为触发源。

② CH2：选CH2为触发源。

③ External：选择"EXT. TRIG"输入端信号作为触发源。

④ Line：选AC线电压作为触发源，用于观测与电源有关的现象，比如信号上的电源干扰等。

（4）各种功能控制区

1）采集模式的控制（Acquire）。

按此键选择不同的波形采集模式：Sample、Peak-Peak 和 Average。波形采集是对输入信号进行取样分析和转换成数字信号的过程。

2）SAVE/RECALL。

用户可以在示波器的存储器中存储任意 1~2 个波形，即使关机，这些波形也会被保存。存储的波形可以用于"Go/No-Go"功能。示波器的面板上的设置也可以保存到存储器中。15 种存储的设置在同样的状况下可以随时调出来进行测量。设置的数据也可以用于"Program Mode"的记忆项目。按 F1 键选择"Setup"存储/取出或选择"waveform"存储/取出。

3）AUTO TEST/STOP：退出程序模式的播放。

4）HARDCOPY：打印 LCD 上的显示画面。

5）HELP：在波形显示区域显示在线帮助文件。

6）AUTOSET：按此键可快速分析未知信号，仪器自动调节垂直、水平，并触发至最佳状态来显示波形。

7）UndoAutoset：按 F5 键恢复到 Autoset 之前的状态。

8）RUN/STOP：按此按钮开始或停止采集波形数据。屏幕的状态区域将显示 RUN 或 STOP。如果停止，将在下一个触发事件开始采集数据。

9）ERASE：按此按钮从格线区域内清除所有波形数据。如果示波器停止，显示将保持原波形直到示波器被触发，显示新的数据和测量结果。

10）MENU ON/OFF：是否关闭菜单显示，关闭后屏幕横向显示区域由 10 格变成 12 格。

（5）示波器的后面板

示波器的后面板如图 20 所示。

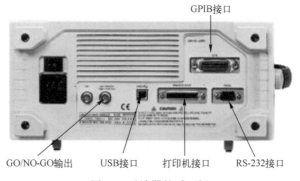

图 20　示波器的后面板

（6）示波器的接地

示波器 BNC 输入端的屏蔽端和大地（GROUND）相连，所以在测试浮地的信号时要注意接地带来的影响和是否能接地。例如，未经隔离的交流电源的波形就不能用示波器直接测量。

实验报告

实验报告：4.1 直流电阻及元件伏安特性的测量

一、实验目的

二、实验仪器及器件

三、实验内容

（一）基本实验内容

1. 直流稳压电源和万用表的使用练习

设置直流稳压电源至合适的工作模式，调节输出用万用表，测量并填写在表 4.1.1 中。

表 4.1.1　万用表测量直流稳压电源的输出电压

稳压电源输出电压/V	+6	+12	+15	−15
万用表测量值/V				

2. 直流电阻的测量

（1）画出测试电路，标注电路参数。

（2）使用直读法和伏安表法测量电路的参数，计算电阻值，比较两种方法得到的电阻值。

表 4.1.2　直流电阻的测量

测 试 方 法	U/V	I/mA	R/Ω
伏安表法			
直读法			

（3）实验结论。

3. 测定线性电阻的伏安特性

（1）画出测试电路，标注电路参数。

（2）将测试数据填写在表4.1.3中。

表4.1.3　电阻上电压、电流的测量

R_1	电压/V						
	电流/mA						
R_2	电压/V						
	电流/mA						

（3）根据表4.1.3所测数据，用描点法画出伏安特性曲线（画在同一坐标系里）。

4. 测定线性无源二端网络的伏安特性

（1）画出无源二端网络的测试电路，标注电路参数。

（2）测试电路中的数据，将测试结果填写在表4.1.4中。

表4.1.4　线性无源二端网络的测试数据

项　目	U/V	1	2	4	6	8	10
端口电流	I/mA						

（3）根据测试数据用描点法画出无源二端网络的伏安特性曲线。

由测试数据可知，总结无源二端网络的最简等效电路为_____；电路参数为_____。

（二）扩展实验内容

请自行附页完成。

四、实验总结

记录本次实验中遇到的各种情况（例如实验中遇到的问题、故障及其分析和处理方法），总结实验体会。

得分_____；评阅教师_____

实验报告：4.2 函数信号发生器及示波器使用练习及典型电信号的测量

一、实验目的

二、实验仪器及器件

三、实验内容

（一）基本实验内容

示波器和函数发生器的使用练习。

（1）示波器的检查与校准。

观察示波器校准信号，在图 4.2.1 中分别画出直流耦合和交流耦合情况下的波形图（画图）。

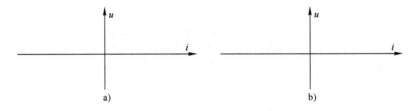

图 4.2.1

a）直流耦合 b）交流耦合

（2）用示波器观察和测量正弦交流信号。

调节函数信号发生器获得所需正弦波，利用示波器观察波形，根据要求读出波形参数，并将结果分别填入表 4.2.1 和表 4.2.2。

表 4.2.1 示波器的测试交流信号

观察波形（正弦波）			2 kHz，2 V（峰–峰值）
示波器	U_{pp}（峰–峰值）	VOLTS/DIV	
		格数	
	周期（T）	TIME/DIV	
		格数	
	将峰–峰值换算为有效值		
	交流毫伏表测量值		

表 4.2.2　示波器的游标测试数据

观察波形（正弦波）0.2 ms，1 V（有效值）	利用标尺测量（Cursor）	示波器直接读数（Measure）
信号周期（T）		
频率（f）		
信号幅度（峰–峰值）U_{pp}		
信号幅度有效值（计算）		

（3）用示波器测量直流电压。

将示波器耦合方式置为直流耦合。接入被测直流电压信号（直流 5.5 V），观察并记录波形在图 4.2.2 中。

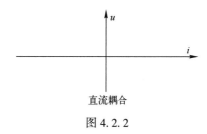

直流耦合

图 4.2.2

（4）设置频率为 1 kHz、幅值为 0~3.5 V、占空比（脉宽）为 30% 的脉冲波信号，用示波器观察，自拟表格记录示波器观察到的波形参数，与函数发生器调出的信号参数比较，分析误差出现的原因。

（二）扩展实验

自行设计电路，产生具有一定相位差的两个波形，用示波器观察读数并画图。

四、思考题

使用示波器观察信号时，分析出现下列情况的主要原因，应如何调节？

1. 波形不稳定。

2. 示波器屏幕上可视波形的周期数太多。

3. 示波器屏幕上所视波形的幅度过小。

4. 看不到信号的直流量。

五、实验总结

记录本次实验中遇到的各种情况（例如实验中遇到的问题、故障及其分析和处理方法），总结实验体会。

得分_____；评阅教师_____

实验报告：4.3　基尔霍夫定律与电位的测定

一、实验目的

二、实验仪器及器件

三、实验内容

1. 理论计算

画出实验电路图，标明待测物理量，计算待测物理量的理论值，填入表 4.3.1 和表 4.3.2 中。

2. 验证基尔霍夫定律

（1）将验证基尔霍夫定律的测试数据填写在表 4.3.1 中，与计算值比较，计算相对误差。

表 4.3.1 验证基尔霍夫定律数据记录及计算

项 目	I_1	I_2	I_3	$\sum I$	U_{AB}	U_{BE}	U_{EF}	U_{FA}	$\sum U$	U_{BC}	U_{CD}	U_{DE}	U_{EB}	$\sum U$
	/mA				/V					/V				
测量值														
计算值														
相对误差/(%)				无					无					无

（2）实验结论。

3. 电位、电压的测量

（1）将电位和电压的测试数据填写在表 4.3.2 中，与理论值比较后，计算相对误差。

表 4.3.2 电位、电压测量数据记录及计算

项 目		V_A/V	V_B/V	V_C/V	V_D/V	V_E/V	V_F/V	U_{AB}/V	U_{BC}/V
参考点 E	理论值								
	测量值								
	相对误差/(%)					无			
参考点 B	理论值								
	测量值								
	相对误差/(%)		无						

（2）实验结论。

四、实验总结

记录本次实验中遇到的各种情况（例如实验中遇到的问题、故障及其分析和处理方法），总结实验体会。

得分_____；评阅教师_____

实验报告：4.4　叠加原理与戴维南定理的研究

一、实验目的

二、实验仪器及器件

三、实验内容

（一）基本实验内容

1. 叠加原理

（1）理论计算：实验电路如图 4.4.1 所示，标注电路参数，计算待测物理量的理论值，填入表 4.4.1 和表 4.4.2 中。

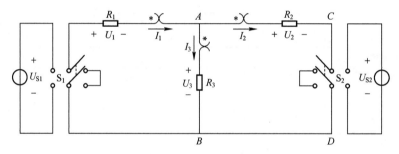

图 4.4.1　叠加原理实验电路

（2）验证叠加原理。

1）通过实验，测试电路中的数据，填写表 4.4.1 和表 4.4.2。

表 4.4.1　叠加原理数据记录与分析

电　　源	$I_1/(\text{mA})$		I_2/mA		I_3/mA	
	测量	计算	测量	计算	测量	计算
U_{S1} 作用						
U_{S2} 作用						
U_{S1}、U_{S2} 作用						

表 4.4.2　叠加原理数据记录与分析

电　源	U_1/V		U_2/V		U_3/V	
	测量	计算	测量	计算	测量	计算
U_{S1}作用						
U_{S2}作用						
U_{S1}、U_{S2}作用						

2）实验结论。

2. 戴维南定理

（1）理论计算：实验电路如图 4.4.2 所示，标注电路参数和电路中待测的物理量，计算物理量的理论值，填入表 4.4.3 中。

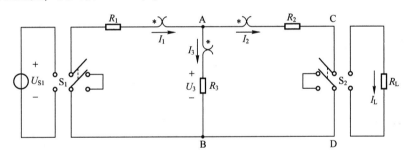

图 4.4.2　戴维南定理实验电路

（2）验证戴维南定理。

通过实验，测试电路中的数据，填写表 4.4.3。

表 4.4.3　戴维南定理实验数据记录

	开路电压 U_{OC}	短路电流 I_S	等效内阻 R_0	负载电压 U_{CD}	负载电流 I_L
计算					
测量					
戴维南 等效电路	等效电动势 E	等效内阻 R_0	负载电压 U'_{CD}	负载电流 I'_L	

（3）实验结论。

（二）扩展实验内容

请自行附页完成。

四、实验总结

记录本次实验中遇到的各种情况（例如实验中遇到的问题、故障及其分析和处理方法），总结实验体会。

得分_____；评阅教师_____

实验报告：4.5　RC 一阶电路暂态过程的分析与研究

一、实验目的

二、实验仪器及器件

三、实验内容

（一）基本实验内容

1. 方波响应

（1）理论分析：当图 4.5.1 电路中的激励为方波时，请在

图 4.5.2 中画出①$\tau=\dfrac{T}{2}$、②$\tau=\dfrac{T}{10}$、③$\tau=\dfrac{T}{20}$时 u_C 波形。

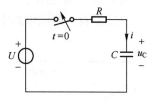

图 4.5.1　RC 电路的方波响应

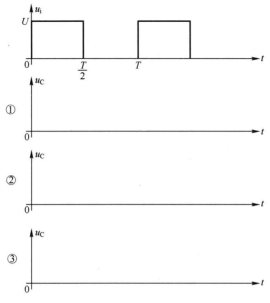

图 4.5.2　*RC* 电路不同时间常数时的方波响应

（2）测试电路的方波响应，将测试数据填写在表 4.5.1 中。

表 4.5.1　*RC* 电路的方波响应

电 路 参 数	方波信号源	输入输出波形	时间常数τ/s
$R =$ $C = 0.1\,\mu F$	$f = 1\,kHz$ $U_{PP} = 2\,V$		计算值：
			测量值：
$R =$ $C = 0.01\,\mu F$	$f = 2\,kHz$ $U_{PP} = 2\,V$		计算值：
			测量值：

（3）实验结论。

2. *RC* 电路的微分和积分响应

（1）理论分析。

画出 *RC* 微分和积分电路的电路图，说明实现微分和积分电路的条件。

（2）测试 RC 微分和积分电路响应，将测试数据填写在表 4.5.2 中。（电阻 R 根据实验室所给电阻选取）

表 4.5.2　微分响应与积分响应

电 路 参 数		输入输出波形图	计算时间常数/s
微分电路	$R=$ $C=0.01\ \mu F$ $f=1\ kHz$ $U_{pp}=1\ V$		
积分电路	$R=$ $C=0.1\ \mu F$ $f=1\ kHz$ $U_{pp}=1\ V$		

（3）实验结论。

（二）扩展实验内容
请自行附页完成。

四、实验总结

记录本次实验中遇到的各种情况（例如实验中遇到的问题、故障及其分析和处理方法），总结实验体会。

得分_____；评阅教师_____

实验报告：4.6　*RLC* 正弦交流电路中基本元件特性的测量

一、实验目的

二、实验仪器及器件

三、实验内容

（一）基本实验内容

1. RL 串联电路的频率特性

（1）画出实验电路图，标明待测物理量，将测试数据填写在表 4.6.1 中，根据测试数据计算待求参数。

表 4.6.1　RL 串联电路的频率特性

频率 f/kHz	100	200	400	500	600
U_R/V					
计算 I/mA					
计算 $|Z|$					
t					
计算 φ					

（2）根据测试数据用描点法画出 RL 串联电路等效复阻抗的频率特性曲线。（阻抗模的频率特性曲线和阻抗角的频率特性曲线）

（3）实验结论。

2. RC 串联电路的频率特性

（1）画出实验电路图，标明待测物理量，将测试数据填写在表 4.6.2 中，根据测试数据计算待求参数。

表 4.6.2　RC 串联电路的频率特性

频率 f/kHz	1	2	4	6	8	10
U_R/V						
计算 I/mA						
计算 $|Z|$						
D						
计算 φ						

（2）根据测试数据用描点法画出 *RC* 串联电路等效复阻抗的频率特性曲线。（阻抗模的频率特性曲线和阻抗角的频率特性曲线）

（3）实验结论。

（二）扩展实验内容
请自行附页完成。

四、实验总结
记录本次实验中遇到的各种情况（例如实验中遇到的问题、故障及其分析和处理方法），总结实验体会。

得分_____；评阅教师_____

实验报告：4.7 交流电路中相位差的测量

一、实验目的

二、实验仪器及器件

三、实验内容

(一) 基本实验内容

1. 低通滤波电路

(1) 理论计算: 画出一阶 RC 低通滤波电路的电路图, 取 $R=1\,\text{k}\Omega$; $C=0.1\,\mu\text{F}$, 当电源的频率取表 4.7.1 中的数据时, 计算低通滤波电路输出端电压电流的相位差, 填入表 4.7.1 中。

表 4.7.1 低通滤波电路的计算数据

f/kHz	10	20	30	40
$\varphi/(°)$				

(2) 通过示波器测量电路中的数据, 将测试数据填写在表 4.7.2 中。

表 4.7.2 低通滤波电路相位差测试数据

f/kHz	1	2	10	50
D				
L				
$\varphi = \dfrac{D}{L} \times 360°$				

(3) 计算电路中的相位差, 将计算数据填写在表 4.7.2 中。

(4) 根据测试数据, 用描点法绘制相位差 φ 随频率 f 变化的曲线。

(5) 实验结论。

2. 高通滤波电路

(1) 理论计算: 画出一阶 RC 高通滤波电路的电路图, 取 $R=1\,\text{k}\Omega$; $C=0.1\,\mu\text{F}$, 当电源的频率取表 4.7.1 中的数据时, 计算高通滤波电路输出端电压电流的相位差, 填入表 4.7.3 中。

表 4.7.3　高通滤波电路的计算数据

f/kHz	10	20	30	40
$\varphi/(°)$				

（2）通过示波器测量电路中的数据，将测试数据填写在表 4.7.4 中。

（3）计算电路中的相位差，将计算数据填写在表 4.7.4 中。

表 4.7.4　高通滤波电路相位差测试数据

f/kHz	5	10	15	20	25	30	35	40
U_y/V								
y_0/V								
$\varphi/(°)$								

（4）根据测试数据，用描点法绘制相位差 φ 随频率 f 变化的曲线。

（5）实验结论。

（二）扩展实验内容
请自行附页完成。

四、实验总结

记录本次实验中遇到的各种情况（例如实验中遇到的问题、故障及其分析和处理方法），总结实验体会。

得分＿＿＿＿＿；评阅教师＿＿＿＿＿

实验报告：4.8 基于 Multisim 软件的电路仿真

一、实验目的

二、实验仪器及器件

三、实验内容

1. 基尔霍夫定律

按照图 4.8.1 连接电路，取电路参数为 $R_4 = 470\,\Omega$，$R_5 = 100\,\Omega$，$R_6 = 200\,\Omega$，电源电压为 $V_3 = 10\,V$；$V_1 = 6\,V$。

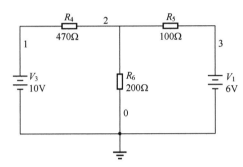

图 4.8.1 验证基尔霍夫定律

（1）使用仿真软件仿真电路，测量支路电流和各元件电压，自拟表格，填写测量数据，验证基尔霍夫电压和电流定律。

（2）实验结论。

2. 验证叠加原理

（1）按照图 4.8.1 连接电路，取电路参数为 $R_4 = 470\,\Omega$，$R_5 = 100\,\Omega$，$R_6 = 200\,\Omega$，电源电压为 $V_3 = 10\,V$，$V_1 = 6\,V$。使用仿真软件仿真电路。自拟测试方案验证叠加原理。

（2）实验结论。

3. 验证戴维南定理

（1）按照图4.8.2连接电路，测量图示电路的开路电压和短路电流，填写在表4.8.1中，画出图4.8.2所示电路的戴维南等效电路。

表4.8.1　戴维南等效电路测试数据

二端口	开路电压 U_{OC}	短路电流 I_S	等效内阻 R_0
戴维南 等效电路	等效电动势 E	等效内阻 R_0

（2）实验结论。

4. 最大功率传输定理

（1）按照图4.8.3连接电路，测试电路参数，将数据填写在表4.8.2中，验证最大功率传输定理。

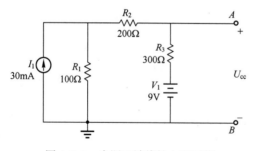
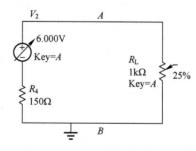

图4.8.2　含源二端线性电阻网络　　　图4.8.3　最大功率传输定理证明

表4.8.2　最大功率传输定理证明

R_L/Ω	50	100	150	200	250	500
U_{AB}/V						
P/W						

（2）实验结论。

四、实验总结

实验报告：4.9 *RLC* 正弦交流电路的频率特性

一、实验目的

二、实验仪器及器件

三、实验内容

（一）基本实验内容

（1）画出实验电路，标注电路参数。

（2）*RLC* 串联电路的阻抗特性

1）测量 *RLC* 串联电路的阻抗特性，将测试数据填写在表 4.9.1 中，根据测试数据计算复阻抗的阻抗模。

表 4.9.1 *RLC* 串联电路的阻抗特性

频率 f /kHz		1	2	5	10	20
I/mA						
R	U_R/V					
	$R = U_R/I_R$					
L	U_L/V					
	$X_L = U_L/I_L$					
C	U_C/V					
	$X_C = U_C/I_C$					
$\lvert Z \rvert$						

2）用坐标纸画出 *RLC* 串联电路的阻抗频率特性曲线，即 $\lvert Z \rvert$ –f 特性曲线。

3）实验结论。

（3）测量 *RLC* 串联电路的谐振特性
1）画出实验电路，标注电路参数。

2）*RLC* 参数选定：$R = 300\,\Omega$，$L = 0.33\,\mathrm{mH}$，$C = 1\,\mu\mathrm{F}$，将测试数据填写在表格 4.9.2 中，计算电路中的电流值。

表 4.9.2 数据记录与计算

$U = 2\mathrm{V}$,	$R =$	$\Omega, L =$	H, $C =$	F, $f_0 =$	Hz, $Q =$	, $I_0 =$	mA
f/Hz				f_0			
U_R/V							
U_L/V							
U_C/V							
计算 I/mA							

改变电路参数为 $R = 20\,\Omega$，L 和 C 的值不变，将测试数据填写在表格 4.9.3，计算电路中的电流值。

表 4.9.3 数据记录与计算

$U = 2\,\mathrm{V}$, $R =$ Ω, $L =$ H, $C =$ F, $f_0 =$ Hz, $Q =$, $I_0 =$ mA							
f/Hz				f_0			
U_R/V							
U_L/V							
U_C/V							
计算 I/mA							

3）根据表 4.9.2 和表 4.9.3 所得数据，画出电流的频率特性曲线（I 随 f 变化的曲线）。

4）实验结论。

（4）观察 RLC 串联电路在呈现容性、纯阻性、感性时电流与电压的相位关系。

1）选取 $R = 300\,\Omega$，$L = 0.33\,\mathrm{mH}$，$C = 1\,\mu\mathrm{F}$，利用示波器观察相位关系并画图。

2）实验结论。

（二）扩展实验内容
请自行附页完成。

四、实验总结

记录本次实验中遇到的各种情况（例如实验中遇到的问题、故障及其分析和处理方法），总结实验体会。

得分_____；评阅教师_____

实验报告：4.10 感性电路的测量及功率因数的提高

一、实验目的

二、实验仪器及器件

三、实验内容
（一）基本实验内容

（1）画出实验电路，标注电路参数。

（2）测量并联电容之前的电路参数，填写在表4.10.1中。

表4.10.1 荧光灯电路数据记录

U/V	U_R/V	U_{RL}/V	I/mA	P/W	P_R/W	P_{RL}/W	计算 $\cos\varphi$

（3）测量并联电容之后的电路参数，填写在表4.10.2中。

表4.10.2 感性负载并联电容数据记录

电容	测量数据					计算
μF	U/V	I/mA	I_{RL}/mA	I_C/mA	P/W	$\cos\varphi$
1						
2						
3						
3.7						
4.7						
5.7						
6.7						

（4）根据测试数据，计算表4.10.2中的功率因数，从数据中找出把功率因数提高到最大值时，所并联的电容_____，此时的功率因数为_____。画出电路在此状态下的相量图。

（5）实验结论。

（二）扩展实验内容
请自行附页完成。

四、实验总结
记录本次实验中遇到的各种情况（例如实验中遇到的问题、故障及其分析和处理方法），总结实验体会。

得分_____；评阅教师_____

实验报告：4.11　三相正弦交流电路的研究

一、实验目的

二、实验仪器及器件

三、实验内容
（一）基本实验内容
1. 三相电源
测量三相电源的参数，将测试数据填写在表 4.11.1 中。

表 4.11.1　三相电源数据记录

项　　目	U_{AB}	U_{BC}	U_{CA}	U_A	U_B	U_C
380 V 电源						

2. 负载的星形联结

（1）星形对称负载。

星形对称负载的连接电路如图 4.11.1 所示，测量图中的数据，将测量结果填写在表 4.11.2 和表 4.11.3 中。

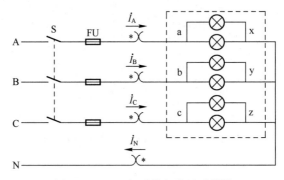

图 4.11.1　三相对称负载星形联结

表 4.11.2　负载星形联结数据记录

项　　目		线电压/V			负载相电压/V			线电流/mA			I_N/mA
		U_{AB}	U_{BC}	U_{CA}	U_{AN}	U_{BN}	U_{CN}	I_A	I_B	I_C	
对称负载	有中线										
	无中线										
不对称负载	有中线										
	无中线										

表 4.11.3　星形负载的功率测量

项　　目			P_1/W	P_2/W	P_3/W	P_1/W	P_2/W	$P_总$/W
星形	对称	三表法						
		两表法						

（2）星形不对称负载。

星形不对称负载的测量电路如图 4.11.2 所示，测量图中的数据，将测试数据填写在表 4.11.2 和表 4.11.3 中。

（3）实验结论。

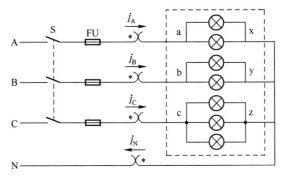

图 4.11.2　不对称负载星形联结电路

3. 负载的三角形联结

（1）三角形对称负载

三角形对称负载的连接电路如图 4.11.3 所示，测量图中的数据，将测试结果填写在表 4.11.4 和表 4.11.5 中。

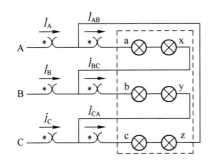

图 4.11.3　对称负载三角形联结

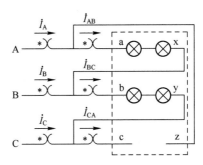

图 4.11.4　不对称负载三角形联结

表 4.11.4　负载三角形联结数据记录

项　目	线电压/V			线电流/mA			相电流/mA		
	U_{AB}	U_{BC}	U_{CA}	I_A	I_B	I_C	I_{AB}	I_{BC}	I_{CA}
对称负载									
不对称负载									

表 4.11.5　三角形负载的功率测量

项　目			P_1/W	P_2/W	P_3/W	P_1/W	P_2/W	$P_总/W$
三角形	对称	三表法						
		两表法						
	不对称	三表法						
		两表法						

（2）三角形不对称负载

三角形不对称负载的连接电路如图 4.11.4 所示，测试图中的数据，将测试数据填写在表 4.11.4 和表 4.11.5 中。

（3）实验结论。

4. 功率测量

（1）请画出用三表法测量星形负载三相功率的接线图。

（2）请画出用两表法测量三角形负载三相功率的接线图。

（二）扩展实验内容

请自行附页完成。

四、实验总结

记录本次实验中遇到的各种情况（例如实验中遇到的问题、故障及其分析和处理方法），总结实验体会。

得分_____；评阅教师_____

实验报告：4.12　二端口网络参数的测量

一、实验目的

二、实验仪器及器件

三、实验内容

（一）基本实验内容

1. 理论计算

画出实验电路，标注电路参数，分别计算二端口的 **Z** 参数、**Y** 参数、**T** 参数和 **H** 参数。

2. 测量 **Y** 参数

（1）测量电路中的物理量，将测试数据填写在表 4.12.1 中，根据测试数据计算二端口的 **Y** 参数。

表 4.12.1　**Y** 参数测试数据

$U_1 = 6\,V$, $U_2 = 0\,V$				$U_1 = 0\,V$, $U_2 = 6\,V$			
I_1/mA	I_2/mA	Y_{11}/S	Y_{21}/S	I_1/mA	I_2/mA	Y_{12}/S	Y_{22}/S

（2）实验结论。

3. 测试 **Z** 参数

（1）测量电路中的物理量，将测试数据填写在表 4.12.2 中，根据测试数据计算二端口的 **Z** 参数。

表 4.12.2　**Z** 参数测试数据

$I_1 = 15\,mA$, $I_2 = 0\,mA$				$I_1 = 0\,mA$, $I_2 = 15\,mA$			
U_1/V	U_2/V	Z_{11}/Ω	Z_{21}/Ω	U_1/V	U_2/V	Z_{12}/Ω	Z_{22}/Ω

（2）实验结论。

4. 测试 **T** 参数

（1）测量电路中的物理量，将测试数据填写在表 4.12.3 中，根据测试数据计算二端口的 **T** 参数。

表 4.12.3　**T** 参数测试数据

$U_1 = 6\,V$, $I_2 = 0\,mA$				$U_1 = 6\,V$, $U_2 = 0\,V$			
I_1/mA	U_2/V	A	C/S	I_1/mA	I_2/mA	B/Ω	D

（2）实验结论。

5. 测试 **H** 参数

（1）测试电路中的物理量，将测试数据填写在表 4.12.4 中，根据测试数据计算二端口的 **H** 参数。

表 4.12.4　**H** 参数测试数据

$I_1 = 15\,mA$, $U_2 = 0\,V$				$I_1 = 0\,mA$, $U_2 = 6\,V$			
U_1/V	I_2/mA	H_{11}/Ω	H_{21}	U_1/V	I_2/mA	H_{12}	H_{22}/S

（2）实验结论。

（二）扩展实验内容
请自行附页完成。

四、实验总结

记录本次实验中遇到的各种情况（例如实验中遇到的问题、故障及其分析和处理方法），总结实验体会。

得分＿＿＿＿＿；评阅教师＿＿＿＿＿

实验报告：4.13 互感电路实验

一、实验目的

二、实验仪器及器件

三、实验内容

（一）基本实验内容

1. 判断互感线圈同名端

分别画出直流法和交流法测试线圈同名端的电路图，标注电路参数，将测试数据填写在表 4.13.1 中，根据测试数据判断线圈的同名端。

表 4.13.1 判断互感线圈的同名端

直 流 法		结 论	交 流 法			结 论
$U_1 = 10$ V	S 闭合瞬间	1 与 3	U_{12}	U_{34}	U_{13}	1 与 3
I_2 的变化						

2. 测量互感线圈的自感和互感系数

画出实验电路图，标注电路参数，将测试数据填写在表 4.13.2 中，根据测试数据计算自感和互感系数。

表 4.13.2 互感自感系数的测量

N_2 侧开路						N_1 侧开路					
U_1/V	I_1/mA	ϕ_1	U_2/V	M_{21}	L_1	U_1/V	I_2/mA	U_2/V	ϕ_2	M_{12}	L_2

3. 计算互感线圈的耦合系数

填写表 4.13.3，计算互感线圈的耦合系数

表 4.13.3 互感线圈的耦合系数

L_1	L_2	M	k

4. 等效电感的计算

画出实验电路图，标注电路参数，将测试数据填写在表 4.13.4 中，根据测试数据计算顺向串联和反向串联的自感系数 L 和互感系数 M 的值，填写在表 4.13.4 中。

表 4.13.4　等效电感的测量数据

顺向串联			反向串联			计　算　值		
U/V	I/mA	ϕ	U'/V	I'/mA	ϕ'	$L_{顺}$	$L_{反}$	M

5. 实验结论

（二）扩展实验内容
请自行附页完成。

四、实验总结

记录本次实验中遇到的各种情况（例如实验中遇到的问题、故障及其分析和处理方法），总结实验体会。

得分_____；评阅教师_____

实验报告：4.14　变压器的应用

一、实验目的

二、实验仪器及器件

三、实验内容

（一）基本实验内容

1. 变压器的初步认识

用万用表测量变压器直流电阻值。将以上数值填入表 4.14.1 中。

表 4.14.1　变压器的初步认识

铭　牌　值			计　算　值		测　量　值	
额定功率	一次侧电压	二次侧电压	一次侧额定电流	二次侧额定电流	一次侧绕组电阻	二次侧绕组电阻

2. 变压器电压比的测定

变压器电压比测定的电路如图 4.14.1 所示，测量图中的数据，填写表格 4.14.2。

表 4.14.2　变压器电压比的测定

U_1/V	U_{20}/V	K

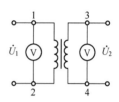

图 4.14.1　变压器
电压比测定

3. 变压器外特性的测定

保持变压器一次侧 U_1 为额定电压不变，二次侧逐个接上白炽灯，如图 4.14.2 所示，每次均测量 I_1、I_2、U_2，将测量结果填入表 4.14.3 中。

表 4.14.3　变压器外特性测试数据记录

项　　目	I_1/mA	I_2/mA	U_2/V
1 个白炽灯			
2 个白炽灯			
3 个白炽灯			

4. 变压器同名端的测定

如图 4.14.3 所示，将变压器 2、4 端短路，在一次侧加额定交流电压 $U_{12} = 220V$，用交流电压表分别测量二次电压 U_{34} 和 1、3 端之间的电压 U_{13}，把测量值和计算值一起填入表 4.14.4 中，并根据表中的计算结果判断两个绕组的同名端。

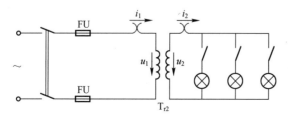

图 4.14.2　变压器外特性测试

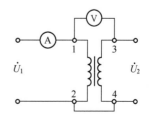

图 4.14.3　交流法测定同极性端

表 4.14.4 测量并判断变压器绕组的同名端

U_{12}/V	U_{34}/V	U_{13}/V	$U_{12}+U_{34}/V$	$U_{12}-U_{34}/V$

可以判断变压器绕组的同名端为＿＿＿＿＿＿＿＿＿＿。

（二）扩展实验内容

请自行附页完成。

四、实验总结

记录本次实验中遇到的各种情况（例如实验中遇到的问题、故障及其分析和处理方法），总结实验体会。

得分＿＿＿＿＿；评阅教师＿＿＿＿＿＿

实验报告：4.15　运算放大器及受控源特性的测试

一、实验目的

二、实验仪器及器件

三、实验内容

（一）基本实验内容

1. 压控电压源特性的测试

表 4.15.1　用运放构成的压控电压源

U_1/V	-3	-2	-1	1	2	3
U_2/V						
μ						

实验结论：

2. 压控电流源特性的测试

表 4.15.2　用运放构成的压控电流源

U_1/V	-3	-2	-1	1	2	3
I_2/mA						
g/ms						

实验结论：

3. 流控电压源特性的测试

表 4.15.3　用运放构成的流控电压源

U_1/V	-3	-2	-1	1	2	3
I_1/mA						
U_2/V						
γ						

实验结论：

4. 流控电流源特性的测试

表 4.15.4　用运放构成的流控电流源

U_1/V	-3	-2	-1	1	2	3
I_1/mA						
I_2/mA						
α						

实验结论：

（二）实验结论

四、实验总结

记录本次实验中遇到的各种情况（例如实验中遇到的问题、故障及其分析和处理方法），总结实验体会。

得分＿＿＿＿＿＿；评阅教师＿＿＿＿＿＿

参 考 文 献

[1] 邱关源. 电路 [M].5 版. 北京：高等教育出版社. 2006.

[2] 秦曾煌. 电工学 [M].7 版. 北京：高等教育出版社，2011.

[3] 徐淑华. 电工电子技术 [M].4 版. 北京：电子工业出版社，2017.

[4] 杨艳. 电工电子技术实验教程 [M].2 版. 北京：电子工业出版社，2015.

[5] 张志立，邓海琴，余定鑫. 电路实验与实践教程 [M]. 北京：电子工业出版社，2016.

[6] 黄大刚，刘毅平，朱连津. 电路基础实验 [M]. 北京：清华大学出版社，2008.

[7] 徐云，等. 电路实验与测量 [M]. 北京：清华大学出版社，2008.

[8] 沈小丰. 电子线路实验——电路基础实验 [M]. 北京：清华大学出版社. 2007.

[9] 闫若颖，等. 电路与电工实验教程 [M]. 北京：中国电力出版社. 2010.